中国科学院页岩气与地质工程重点实验室成果

地面电磁探测（SEP）系统及其在典型矿区的应用

底青云 等 著

U0193928

科　学　出　版　社

北　京

内 容 简 介

本书系统地介绍了地面电磁探测（SEP）系统的软硬件分系统及系统整体在典型矿区的应用成果。第 2 章至第 5 章主要介绍了电磁法仪器研制中的关键技术，主要包括大功率发射、分布式电磁采集、电场传感器、磁场传感器等。第 6 章至第 8 章主要介绍了电磁法数据处理与正反演研究，主要包括电磁法噪声抑制、地形校正、静态校正、可控源音频电磁法（简称 CSAMT 法）中的近场校正与大地电磁法（简称 MT 法）中参数提取等数据预处理技术，二维、三维 CSAMT 法和 MT 法的数值模拟算法，二维、三维 CSAMT 法和 MT 法反演算法研究等。第 9 章详细介绍了 SEP 系统在典型矿区的应用与效果。

本书可供地球物理电磁法行业大中专院校的师生、科研单位的研究人员及相关部门的工作人员参考。

图书在版编目（CIP）数据

地面电磁探测（SEP）系统及其在典型矿区的应用/底青云等著. —北京：科学出版社，2016

ISBN 978-7-03-049100-8

Ⅰ.①地… Ⅱ.①底… Ⅲ.①电磁法勘探–研究 Ⅳ.①P631.3

中国版本图书馆 CIP 数据核字（2016）第 143735 号

责任编辑：张井飞／责任校对：何艳萍
责任印制：肖　兴／封面设计：陈　敬

科 学 出 版 社　出版

北京东黄城根北街 16 号
邮政编码：100717
http://www.sciencep.com

中国科学院印刷厂　印刷

科学出版社发行　各地新华书店经销

*

2016 年 6 月第　一　版　开本：787×1092　1/16
2016 年 6 月第一次印刷　印张：13 1/2
字数：320 000

定价：169.00 元
（如有印装质量问题，我社负责调换）

前　　言

　　地球电磁法（Electromagnetic method，简称 EM）在资源探测，尤其是金属矿探测中发挥着重要的作用，但长期以来我国电磁探测高端装备大多从国外进口。为了推进地面电磁装备的国产化进程，以便加快深部资源的开发利用，作者和课题组成员从 2010 年至 2015 年承担了深部探测技术与实验研究专项（Sinoprobe）中的深部探测关键仪器装备研制与实验项目（Sinoprobe-09）中的第二课题"地面电磁探测（SEP）系统研制"（Sinoprobe-09-02），开展了装备研发、数据处理、资料解释等方面的系统研究。为了使本书更加完整，作者在整理"地面电磁探测（SEP）系统研制"课题成果的基础上，也编入了作者及研究团队以往的相关部分成果内容，形成频率域天然源和人工源电磁法仪器研制、探测方法和探测实例的一体化内容。

　　本书首先介绍了包括大功率发射机、分布式采集站、磁传感器（感应式、高温超导和磁通门传感器）等方面的研制技术；然后介绍了电磁探测方法和软件研究成果，具体包括：大地电磁法（MT）和可控源音频大地电磁法（CSAMT）探测方法以及电磁数据正、反演处理软件的研制；最后介绍了 SEP 系统在河北张北县、河北康保县、内蒙古兴和县曹四夭钼矿、内蒙古阿拉善地区、黑龙江省三江地区等矿产测区的矿产资源探测结果，以及 SEP 系统与我国市场上普遍使用的高端商用仪器系统的生产性比对试验结果。

　　全书共分十章。第 1 章、第 10 章由底青云、王妙月编写；第 2 章由刘汉北、真齐辉、底青云编写；第 3 章由王中兴、张文秀、底青云编写；第 4 章由王中兴、底青云编写；第 5 章由吴树军、底青云编写；第 6 章、第 7 章和第 8 章由王若、底青云、王妙月编写；第 9 章由底青云、付长民编写。全书由底青云统稿，底青云、王妙月、真齐辉、王亚璐、薛国强校稿。

　　由于本书编写时间仓促，难免有疏漏之处，请读者不吝指正！

目　　录

第1章 绪 论

地球为人类提供各种资源，同时也给人类带来很多自然灾难。只有了解地球内部的物质组成、结构及其动力学机制，才能充分揭示成矿、成灾、成盆等规律，发现人类所需的矿产与油气资源，才能全面认识地质灾害发生、发展过程与机理，及时预测灾害，减少损失。此外，地球的各种物理参数为各种民生与国防安全等工程设计提供重要的依据。

地球物理学是通过对高空、地表直至地核的广大区域进行定量探测，然后对测量数据进行处理解释，进而了解地球内部物质组成与结构，阐明地球内部物质运动及其动力学过程的最重要的地学学科之一。地球物理学分为地震学、重力学、地磁学、地电学、电磁学、热学、放射性学等子学科。地球内部运动的电荷和电流可在地球内外产生电磁场。地球的基本磁场是由地球外核的电流体系所产生。随时间可变的电场和磁场相互感应，既和地球介质的电导率与介电常数有关，也和地球介质的磁导率有关。早期研究地球磁性参数的学科主要是地磁学，研究地球电性参数的学科主要是地电学。在近代，采用考虑电磁耦合来研究地电磁学，而地磁学和地电学可以包括在地电磁学中。所以，研究地磁场、地电场、地电磁场的学科统称为地球电磁学。

地面电磁探测主要是与地磁学、地电学以及地电磁学紧密相关的地球电磁学中的一种测量手段。它是通过对天然和人工的电磁信号的采集，开展地电磁探测研究。通过对数据的处理解释，推断反演地球内部的电性参数和磁性参数以及电性和磁性物质的结构与分布，为寻找矿产资源、油气资源、水资源以及研究地球深部结构及其动力学机制等服务，同时，在通信、导航和环境监测等领域发挥重要作用。

1.1 地面电磁探测的主要历史进展

在地球物理各分支学科中，地磁学最先向近代科学转变，英国医生吉伯（W. Gilbert）的名著《论磁》论证了地球是一个大磁体，存在两极，并解释了磁偏角、磁倾角的存在，继而在全球范围内开展大规模地磁测量。19 世纪 30 年代德国数学家、物理学家高斯（C. F. Gauss）发明了地磁场强度测量方法，并用球谐分析法阐述了地球磁场的起源，从而奠定了地磁学基础。现代地磁学认为地球的主磁场是由地球外核的电流体系引起的。

人们对于地电学的研究是从发现地球内部存在电流开始的，地电记录最早是在电报线两端观测到的，19 世纪末，曾取得一些可置信的地电记录，直到 1910 年，西班牙 Ebro 观象台开始了连续的地电记录，至 1938 年取得了长时期地电记录资料，随后澳大利亚、美国、加拿大、挪威、日本等都进行了地电记录，开始了对地球电性结构的观测研究（傅承义等，1985）。19 世纪初，福克斯（P. Fox）首先在硫化金属矿上观测到了自然电流场，并在 1835 年开始试图用电法寻找金属矿，这便是最早的自然电场法，开启了应用地电学的知识进行电法勘探的先河。利用人工场源的电阻率法在 19 世纪末也被提了出来。20 世纪初，又发现了激电现象，在地电勘探方法中又发展了激发极化法（IP），一直应用至今。

在地磁法和地电法的基础上，以麦克斯韦方程组为基本理论依据，发展了地电磁法。以 20 世纪 40 年代末和 50 年代初提出的大地电磁法为标志，开启了电磁法研究新的历史发展阶段。原苏联学者 A. H. TuxoHoB 和法国学者 L. Cagniard 提出来一种天然场源电磁法，称为大地电磁法（MT），MT 同时测量电场和磁场，将其转化成频率域的卡尼亚视电阻率，消除了源的影响。采用平面波的卡尼亚视电阻率资料来探测地球深部介质的电性参数（电导率或电阻率），在地壳和上地幔电性结构探测中有相当大的优势。由于天然场源的强度比较弱，获取每个观测点的观测资料都需要很长的时间，资料采集效率不高，将 MT 应用于勘探地壳上地幔的电性结构和油气构造背景采用粗网格普查时，这种费时的方法尚可接受，但当 MT 应用于金属矿详勘时，这种方法显然存在不足，于是人工源电磁法应运而生。应用电磁感应的电磁法（EM），早在 1917 年，一位美国物探工程师康克宁就提出此想法，并于 1925 年获得找矿成果，在 20 世纪 20 年代，EM 地面方法在美国、加拿大等地发展，50 年代后发展了航空电磁法，60 年代和 70 年代早期发展了频率域电磁法（FEM 或 FDEM）和时间域电磁法（TEM 或 TDEM）（Telford et al.，1990）。在频率域电磁法中音频范围的频率电磁法称为可控源音频大地电磁法（CSAMT），可控源音频大地电磁法最早是由加拿大多伦多的 D. H. Strangway 教授和他的研究生 Myron Goldtern 于 1971 年提出的，R. L. Zonge 等将其形成了勘探方法，并在金属矿、地热资源等勘探方面得到了应用。20 世纪末至今，电磁法在海洋勘探中得到了广泛应用，从海上 MT 到海洋可控源电磁法（MCSEM），从陆上多通道 TEM（MTEM）到海上 MTEM，并成功研制出深水拖缆电源。20 世纪 90 年代以来，电磁勘探方法、理论、正反演解释取得了很大进展，特别是在三维积分方程法正反演取得了显著成果，为人工源电磁测深方法的进一步发展奠定了基础。

近几十年来，我国的电磁法勘探理论方法、技术都有了很大的发展，但仪器研发相对较缓，主要偏重于直流电法仪器和小型电磁法仪器。直到 90 年代初，我国大地电磁测深队伍已发展到 20 多个，至 1991 年年底，已完成大地电磁测深点 6500 个，80% 用于石油天然气构造普查，其余用于地壳上地幔、地震监视等研究（刘国栋，1994）。在 2010 年国家的深部探测技术与实验研究专项（SinoProbe）的项目中（大陆电磁参数标准网实验研究子项目）开展对全国范围的 MT 测深研究，对高原等重点区域则进行了加密探测，加强了对我国地壳上地幔电性结构的研究。

我国地面电磁探测在以下两项技术上走在世界的前列。一项是何继善院士发展的广域电磁法，通过采用自行研制广域电磁法仪器进行多项探测实践研究，结果表明，这种方法在探测深度和探测分辨率上都有所提升。另一项是正在研发的极低频探地工程（WEM）在资源勘探以及地震监测中的应用研究。WEM 找矿的前期理论基础研究成果已有发表。

1.2　地面电磁测深的实践探索

20 多年来，作者和课题组其他成员使用加拿大凤凰公司生产的 V4、V6、V8 系列设备，在北京、江苏、广东、山西、河南、内蒙古、甘肃、安徽等地进行了地下热水、煤矿、金属矿等 CSAMT 探测研究，同时，还把 CSAMT 应用到宜万线铁路隧道、石太线铁路隧道薄弱结构、南水北调西线隧道薄弱结构等工程探测中，都取得了较好的应用效果。采用 WEM 方法在河南泌阳油田进行试验性探测，获得了该盆地深部地电断面结构的可靠信息。通过以上研究应用成果的总结，形成了以下共识。

（1）金属矿的赋存构造一般比较复杂，很多矿区地形也比较复杂，金属矿地震方法尚未完全过关，因此主要探测手段是激电法、电阻率法等地电方法和 TEM、CSAMT 等电磁方法，探测深度一般在 1km 以浅。由于浅部矿已探明的储备严重不足，到 1km 以下的深度甚至到 3~5km 深度找矿已不可避免，因此发展能探测到 3km 左右深度范围内的地面电磁精细勘探方法已提到议事日程上来。

（2）油气构造的探测深度一般在 3km 左右，目前也有加深的趋势，过去油气勘探主要靠反射地震法，但该方法对火成岩中的裂缝型油气藏、火成岩盖层下的油气圈闭、构造或地形复杂的南方海相碳酸盐岩中的油气等勘探效果有限，迫切需要发展高分辨率的电磁勘探方法进行补充。地震剖面与地电磁剖面两种资料共同解释油气赋存状况，结果更加可靠。因此能源勘探也期待着新的电磁勘探方法的出现。

（3）CSAMT 方法的发射源比较笨重，在山地进行勘探时，发射源的运输比较困难，源和测点的距离一般在 10km 左右，AB 极连线和测线需要平行。在这些条件的限制下，发射极的位置选择常常也比较困难。因此，期待有轻便大功率的发射机的出现。

（4）目前国内所研究和应用的广域电磁法，可望实现地下 6km 左右深度范围的目标体的电磁探测。但广域电磁法的源非常笨重，未能解决山区源位置移动选址难的问题。在广域电磁法的应用中，为了提高探测深度和垂直横向分辨率，将源点和测点的距离扩大到了 20km，导致该方法以较小的收发距获取较大探测深度的优势受到一定的限制。正在研究的 WEM 法，有望探测 10km 以内的电性体。WEM 发射源天线长度很大，而且建在高阻区，因此，有可能在全国范围内接收到信号，在波导区进行探测时仍然有一些技术问题需要研究。

（5）我们在现有的 CSAMT 观测中，直接用观测的电场和磁场单分量来解释也可能得到好的效果。首先在近场和过渡场区，信号的强度大大增强，使得探测到 3km 深度范围内的电性结构成为可能。但在近场和过渡场地区，需要作源的校正，方法研究和仪器研制需要同步发展。

通过以上分析可知，为了满足实际需求，开展地面电磁探测的仪器研制、探测方法和实际应用一体化的研究是十分必要的。

1.3　国内外仪器研制现状

1.3.1　国外仪器研制现状及趋势

国外一部分电法仪器公司把原有的直流电法仪、时间域电磁法仪和频率域电磁法仪组合成多功能电法仪器，仪器采用板卡式模块化设计，多种方法尽可能共用通用的硬件平台，通过不同的软件处理实现不同方法的测量。具有代表性的仪器包括美国 Zonge 公司 GDP 系列多功能电法仪器，目前已发展到第 4 代，最新产品为 GDP32 Ⅱ；加拿大 Pheonix 地球物理公司生产的 V 系列多功能电法仪，最新仪器是 2006 推出的第 8 代系统 V8。上述两种仪器功能经过 30 多年的不断完善，可进行几乎所有的电法勘探方法测量，包括电阻率法、大地电磁法（MT/AMT）、可控源音频大地电磁法（CSAMT）、时域和频域激发极化法（TDIP/FDIP）、瞬变电磁法（TEM）、复电阻率或频谱激电法（CR/SIP）等。在不断完善测量功能的同时，加拿大 Pheonix 公司最近也在研发新一代的电磁勘探系统。Zonge 公司也正开发了 ZEN 多通道采集站，并增加了无线组网功能，以便于开展多台仪器的分布式测量。近年来，原本只用于 MT 测量的德国 Metronix 公司的 GMS07 系统也加入了 CSAMT 测量功能，并计划继续增加其他方法的测量功能以实现多功能化。

美国 Geometrics 公司和 EMI 公司联合生产的 EH4 混合源频率域电磁测深系统（图 1.1），结合了 CSAMT 和 MT 的部分优点，利用人工发射信号补偿天然信号某些频段的不足，以获得高分辨率的电阻率成像。但由于设备重、功耗大、通信距离近等不利因素的制约，目前实际应用还以单主机多通道集中采集为主，未实现大规模分布式测量。

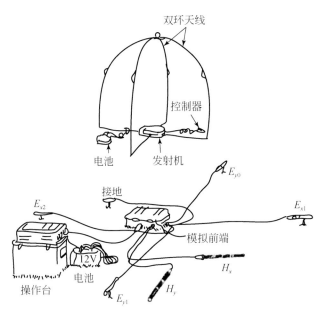

图 1.1　EH4 混合源频率域电磁测深系统

近年来，国外电法勘探仪器最值得关注的一个发展趋势是将广泛应用于地震勘探领域的分布式采集及其相关技术引入电法勘探领域。1997 年，澳大利亚 MIMEX 公司推出具有 100 道的分布式电磁系统- MIMDAS；2001 年，加拿大 Quantec Geoscience 公司完成了第一代的 Titan-24 分布式电磁系统，每个采集站有 1 道或 2 道。MIMDAS 和 Titan-24 两种系统的采集单元核心均采用 Refraction Technology 公司的地震数据采集模块 Reftek-120，两种系统可进行 IP 和 MT 两种方法测量。2012 年，Quantec Geoscience 公司又提出了 Orion 3D 测量技术，实现更大规模的三维电法勘探。

美国 KMS 公司在国际地球物理学术界和石油工业界（主要是电磁和测井），有三十多年电磁法、测井、油藏工程技术方面的经验，创建了电法的第二大服务公司，研发和倡导了很多完整的地球物理系统，包括硬件、采集和解释等技术。2009 年推出了 KMS-820 阵列式数据采集系统，该采集系统既能采集电磁信号，也可以采集地震信号，通过获取地下电阻率和波速来勘探油气和探测深部构造。

KMS-820 感应式磁传感器是 KMS 公司与乌克兰利沃夫空间研究中心（Lviv Centre of Institute of Space Research，LCISR）合资研发和生产的高性能电磁探头，如 LEMI-118 为低噪声、低能耗高频感应线圈磁探头，用于在 1~70000Hz 频段范围的磁场波动研究，多用于 AMT 方法；LEMI-120（频段 0.0001~1000Hz）是经典的低频、最低噪声感应磁探头，这款宽频地面感应磁探头，专门用于测量地磁场变化，特别是用于大地电磁（MT）和控制源的大地电磁（CSAMT）测量；LEMI-134 为高频（0.5~200000Hz）、极低噪声、集成式、重量轻的感应磁探头，基于最小质量逼近的一种新算法使重量最小化而保存必要的长度来实现宽频带低噪声的水准。此外，KMS 还研发出用于石油和海洋的高达 200kW 的大功率发射机。该公司产品尚处于推广阶段，实际探测应用实例还较少。

英国爱丁堡大学的 Ziolkowki，Bruces Hobbs 和 Wright 等学者于 2001 年提出了多通道瞬变电磁法（multi-transient electromagnetic，MTEM），并申请了发明专利，该方法通过向大地发送阶跃波或伪随机编码激励信号，利用沿轴线排列的分布式接收机，采集距发射源不同偏移距的电场响应，将接收电场信号与发送电流信号进行反卷积运算，得到大地的冲激响应，根据冲激响应的峰值时间估计大地的电阻率分布，对一定深度的高阻薄层有很高的分辨力。2004 年在法国进行了陆上 MTEM 勘查油气藏的试验，得到了油气藏清晰的图像，后来这种探测技术和仪器在海洋油气勘探中也得到了应用。

综上所述，经过几十年的发展和不断更新换代，国外电法仪器在单一方法精细测量、仪器的多功能化以及多通道容量的分布式测量等方面不断取得新的进展，正朝着大功率激发、多分量多参数采集、分布式阵列观测等方向发展。

1.3.2 国内仪器研制现状

与国外电法勘探仪器相比，目前国内研制的仪器功能相对单一，主要用于中浅层探测。瞬变电磁法（TEM）、直流电阻率法以及激发极化法的仪器基本实现了国产化。国内形成产品化的 TEM 仪器包括：长沙白云仪器有限公司的 MSD-1、西安强源物探研究所的 EMRS-3、重庆奔腾数控技术研究所的 WTEM、中国地质科学院地球物理地球化学勘查研究所的 IGGETEM-20、吉林大学仪器科学与电气工程学院研制的 ATEM-2、北京矿产地质研究所研制的 TEMS-3S、中国地质大学（武汉）的 CUGTEM-8 等。在直流电阻率和激发极化仪器方面，主要产品包括重庆地质仪器厂的 DZD-6A、重庆奔腾地质仪器厂的 WGMD-9、吉林大学工程技术研究所研制的 EM60D 高密度电法仪、中南大学研制的 SQ-3C 双频激电仪和 WSJ-3 伪随机激电仪、北京地质仪器厂的 DWJ 系列微机激电仪以及重庆地质仪器厂 DJF 系列大功率激电仪。由于上述仪器品种齐全，与国外仪器性能接近且具有明显的价格优势，这部分国产电法勘探仪器在国内地质勘探市场中得到应用。但由于上述方法和仪器的探测深度较小，大多在 500m 以内，适合于解决浅层资源探测和工程环境领域的中浅层探测问题，在深部矿产资源勘探中应用较少。

我国于 20 世纪 60 年代中期开始研制具有大探测深度的频率域电磁法仪器，原中国科学院兰州地球物理研究所研制了光电负反馈式磁力仪，与匈牙利产的大地电流仪共同组成大地电磁观测站，获得了我国最早的大地电磁数据。1970 年，国家地震局地质研究所试制成功了感应式晶体管线路的模拟大地电磁仪，并在此基础上发展成 LH-I 型模拟记录大地电磁测深仪，该仪器在 70 年代中期到 80 年代初期被广泛应用。20 世纪 80 年代，原长春地质学院仪器系研制了 GEM-I 型宽频带数字大地电磁测深仪，90 年代初又研制了 GEM-II 型滩海阵列大地电磁仪，并在辽东湾深部地质构造研究中得到了应用（王东坡等，2000）。虽然我们研发深部电磁探装备时间较早，但与国外相比，发展的速度较慢，特别是近十多年，随着国外先进电法仪器的大量涌入，对国内仪器研发和制造行业产生了巨大的冲击，造仪器不如买仪器的观念盛行，国家对自主研发仪器投入严重不足，仪器水平与国外的差距被进一步拉大，国内市场逐渐被国外仪器垄断，最终导致目前大探测深度的频率域电磁法仪器完全依赖进口的被动局面（陆其鹄等，2007）。

随着隐伏资源大深度勘查和工程地质精细勘察的实际需要的增加，大探测深度电磁法仪器的开发受到了越来越多的重视，从 20 世纪 90 年代后期起，国家相继开始对多家科研单位的仪器研制进行立项资助。例如在国土资源部的资助下，中国地质科学院地球物理地球化学勘查研究所研制了阵列式被动源电磁法系统（林品荣等，2006），吉林大学研制了集中天然源 MT 方法和人工源 CSAMT 方法的混场源电磁探测系统（程德福等，2004），中国地质大学（北京）在国家高技术研究发展计划（863 计划）的支持下研制了海底大地电磁仪（魏文博，2002）。特别是 2007 年以来，国家对大探测深度电法勘探仪器研制的投入进一步增加，国内多家单位正在开展相应仪器的研究工作。

吉林大学在国家自然科学基金科学仪器基础研究专款项目《大深度（500～1500m）分布式电磁探测关键技术与仪器研究》的资助下，针对现有电法勘探技术及仪器在深部资源勘探中存在的不足，结合国外仪器的最新发展趋势，先后研制了 CSAMT 与 IP 联合探测的分布式接收系统原理样机和 DPS-1 型科研实验样机；提出了 CSAMT 与 IP 联合探测方法，采用主动源方法提高矿区测量环境下的抗干扰能力，利用 CSAMT 勘探深度大和 IP 浅部探测结果准确的优点，通过 IP 测量，不但能得到有效反映矿体的激发极化参数，同时获得的极化电阻率可对 CSAMT 高频段视电阻率进行约束，从而提高 CSAMT 深部电性结构探测的分辨率。

中南大学开展的广域电磁测深方法和仪器研究，突破 CSAMT 远区的限制，重点解决火山岩油藏的大深度探测问题。湖南继善高科技有限公司研发的 DGE-16 广域电磁仪是一款新型电磁仪，该仪器以"广域电磁法"理论为基础，并配合先进的电子技术和计算机技术，成功突破了传统人工源电磁法所固有的瓶颈可应用于油气藏/地热探测、页岩气探测、金属矿/地下水探测、煤田采空区探测等领域。

随着研究的进一步深入，我国频率域电磁法仪器也将迈上一个新台阶，逐步缩小与国外高端仪器的差距。

参 考 文 献

程德福，王君，李秀平，等．2004．混场源电磁法仪器研制进展．地球物理学进展，19（4）：778～781

底青云，王妙月，付长民，等．2013．"地-电离层"模式电磁波传播特征研究．北京：科学出版社

董树文，李廷栋，陈宣华，等．2013．我国深部探测技术与实验研究进展综述．地球物理学报，
　 55（12）：3884～3901

董树文，李廷栋，高锐，等．2015．我国深部探测技术与实验研究与国际同步．地球学报，（01）：9～25

傅承义，陈运泰，祁贵仲．1985．地球物理学基础．北京：科学出版社

何继善．2010．广域电磁法和伪随机信号电法．北京：高等教育出版社

林君，王言章，刘长胜．2010．高端地球物理仪器研究及我国产业化现状．仪器仪表学报，31（8）：
　 173～180

林品荣，郑采君，石福升．2006．电磁法综合探测系统研究．地质学报，80（10）：1539～1548

刘国栋．2004．电磁法及电法仪器的新进展和应用．石油地球物理勘探，39（11）：46～51

刘国栋．1994．我国大地电磁测深的发展．地球物理学报，37（Suppl．），301～310

陆其鹄，彭克中，易碧金．2007．我国地球物理仪器的发展．地球物理学进展，22（4）：1332～1337

庞恒昌，吴锐．2014．新技术在电法勘探中的应用．石油仪器，（1）：54～58

汤井田，任政勇，周聪，等．2015．浅部频率域电磁勘探方法综述．地球物理学报，58（8）：2681～2705

佟训乾，林君，姜羑，等．2013．陆地可控震源发展综述．地球物理学进展，27（5）：1912～1921

王东坡，曾效箴，薛林福，等．2000．海洋阵列大地电磁测深法在辽东湾滩海深部地质构造研究中的应
　 用．石油与天然气地质，21（4）：293～299

魏文博．2002．我国大地电磁测深新进展及瞻望．地球物理学进展，17（2）：245～254

杨洋，邓锋华，李帝铨．2013．基于伪随机信号的大深度激发极化法在油气勘探中的应用．物探与化探，
　 37（3）：438～442

张建国，武欣，齐有政，等．2014．时间域编码电磁勘探方法研究．雷达学报．3（2）：158～165

张建国，武欣，赵海涛，等．2015．时间域电磁勘探数据的模拟退火法反演研究．电子与信息学报，
　 37（1）：220～225

张赛珍，王庆乙，罗延钟．1994．中国电法勘探发展概况．地球物理学报，37（Suppl．），408～424

中国地球物理学会．1985．中国地球物理学基础．北京：科学出版社

Garner S J，Thiel D V．2000．Broadband（ULF－VLF）surface impedance measurements using MIMDAS．
　 Exploration Geophysics，31（2）：173～178

Gharibi M，Killin K，McGill D，et al．2012．Full 3D Acquisition and Modelling with the Quantec 3D System－
　 The Hidden Hill Deposit Case Study．ASEG Extended Abstracts，（1）：1～4

Golden H，Herbert T，Duncan A．2006．GEOFERRET：A new distributed system for deep-probing TEM surveys：
　 76th SEG Annual International Meeting Uranium workshop extended abstracts

Goldie M．2007．A comparison between conventional and distributed acquisition induced polarization surveys for
　 gold exploration in Nevada．The Leading Edge，26（2）：180～183

Joosten W L．1982．Seismic Telemetry：The Future of Geophysics．SEG 52nd Annual International Meeting
　 Expanded Abstracts，47～48

Telford W M，Geldart L P，Sheriff R E．1990．Applied Geophysics．Ind Edition．New York：Cambridge

University Press

Weissling B. 2008. Advances in electrical resistivity imaging of karst voids. The Geological Society of America abstracts with 42nd Annual Meeting，40（3）：30

Ziolkowski A，Hobbs B A，Wright D. 2007. Multitransient electromagnetic demonstration survey in France. Geophysics，72（7）：197～209

第2章 大功率电磁信号发射机

大功率电磁信号发射机是可控源地面电磁测深系统的重要组成部分,只有发射功率足够大,才能保证接收机获得信号的信噪比足够高,从而保证足够的探测深度和精度。例如,最近相关研究表明(底青云等,2013),采用两台500kW发射设备通过相距100km长的供电电极向地下供电,可实现全国国土范围内地下深部(>10km)电性结构的有效探测。

为了更加全面地了解地面电磁测深所用的发射机,本章首先介绍发射机的工作机理和研制现状,随后介绍基于励磁方式与脉宽调制(PWM)DC/DC全桥变换器这两种大功率电磁信号发射机,最后,简单地介绍一下发射桥如何实现零电压开关(ZVS)。

2.1 大功率电磁信号发射机基本原理

大功率电磁信号发射机原理框图如图2.1所示,发电机提供一个三相电源,三相电经过整流稳压模块后获得一个稳定的直流电压,然后通过发射桥向 AB 电极发射某一频率的方波信号。

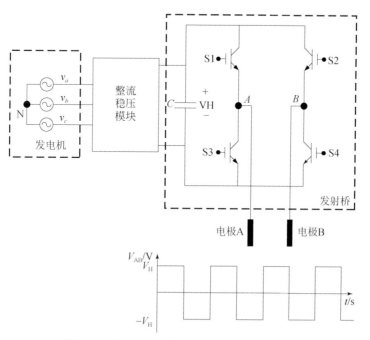

图2.1 大功率电磁信号发射机基本原理框图

通过发射桥的四个开关管（IGBT）的开与关来控制发射波形及发射频率。图 2.1 中，当开关管 S1 和 S4 导通，S2 和 S3 关闭的时候，AB 两端的电压为 V_H；而当开关管 S1 和 S4 关闭，S2 和 S3 导通的时候，AB 两端的电压为 $-V_H$，如此循环，最终实现从 AB 两端发射波形的目的。改变四个开关管的开关频率也就实现了改变发射波形的频率。

可见，发射机的核心在于整流稳压环节的实现，那么围绕整流稳压模块的实现，下面介绍一下大功率电磁信号发射机的研制现状。

2.2 大功率电磁信号发射机的研制现状

如 2.1 节所述，大功率电磁信号发射机是围绕着整流稳压模块来做的，不同整流稳压的实现方案就直接决定了发射机的性能指标。

目前电磁测深仪器发射机主要有三套系统，它们分别是：加拿大凤凰公司（Phoenix）的 V8 电磁系统发射机，美国 ZONGE 公司的 GDP-32 多功能电法仪发射机，以及德国 Metronix 公司最近刚研制出来的 TXM-22 发射机。对于前两个系统，国内用得比较多，而 Metronix 公司的发射机是基于矢量合成原理研制出来的，目前正在国内推广。V8 的整流模块通过不可控整流桥来实现，稳压模块通过脉宽调制 DC/DC 全桥变换器来实现；GDP-32 发射机是通过调节不同的变压器挡位来实现输出电压的粗调，三相相控桥式整流对所选电压挡位进行稳压调节；TXM-22 发射机是通过不可控整流桥实现整流，然后直接通过矢量控制算法（如 SVPWM）实现三个电极的矢量发射。

国内对大功率电磁信号发射机的整流稳压模块的实现方式与上面介绍的三种方法基本相同，但是基于励磁方式的发射机有别于前面的几种方法，是一种控制简单、方便有效、稳定可靠的发射机方案。随着脉宽调制（PWM）技术的成熟，基于 PWM 的 DC/DC 变换器的实现方案也有较好的效果。下面，分别介绍基于励磁方式与脉宽调制 DC/DC 全桥变换器这两种电磁信号发射机。

2.2.1 基于励磁方式的大功率电磁信号发射机

1. 工作原理

基于励磁方式的发射机系统结构示意图如图 2.2 所示，系统结构包括动力源（柴油机）、励磁机（包括励磁线圈与旋转元件）、主发电机、整流桥、发射桥、负载、闭环调节器 P、模糊控制器、功率放大器。

发电机输出三相电压经过一个不可控整流桥后接一个支撑电容，使得输出为纹波较小的直流电压。直流电压通过调节器 P 与一个预设值进行比较获得偏差值，该偏差值送入模糊控制器后，经过模糊推理与去模糊化后送出一个控制量，用这个控制量来驱动功率放大器，给励磁机的励磁线圈相应的电流。该电流产生的磁场经过旋转线圈切割磁力线后得到感应电动势，再通过同步旋转的不可控整流桥与一个主励磁线圈获得相应的主发电机励磁电流，主励磁线圈随着柴油机一起转动，定子电枢上产生了三相电压，再送入整流负载。该系统认为转速是一个恒定的量，不对其进行控制。

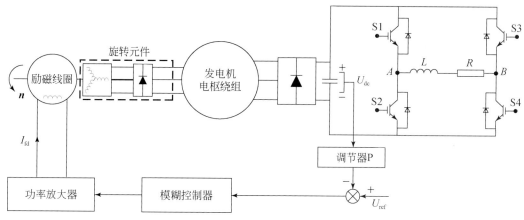

图 2.2　励磁方式发射机系统框图

2. 系统的控制模型研究

国外相关学者 Jadric 等（2000）和 Jatskevich 等（2006）研究表明这种带整流负载同步电机的平均值模型为

$$
\begin{cases}
\widehat{v}_{dc} = k_v \left(\widehat{v}_d \sin\delta + \widehat{v}_q \cos\delta \right) \\[2mm]
\widehat{i}_d = \dfrac{\widehat{i}_{dc}}{k_i} \sin(\delta+\phi) \\[2mm]
\widehat{i}_q = \dfrac{\widehat{i}_{dc}}{k_i} \cos(\delta+\phi) \\[2mm]
\delta = \arctan \dfrac{\widehat{v}_d}{\widehat{v}_q}
\end{cases}
\tag{2.1}
$$

各物理量关系如图 2.3 所示。

其中，abc 为三相静止坐标，dq 为同步旋转坐标。

$\overline{V}_1$、$\overline{I}_1$ 为发电机输出电压、电流的基波矢量。

k_v 是整流输出直流电压与三相电压的基波幅度的比值；

k_i 是整流输出直流电流与三相电流的基波幅度的比值；

δ 为在旋转坐标下，三相电压基波矢量与 q 坐标的夹角；

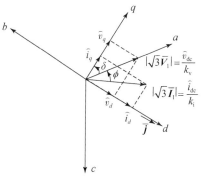

图 2.3　带整流负载发电机空间矢量图

ϕ 为在旋转坐标下，三相电流基波矢量与三相电压基波矢量之间的夹角。

系统具有明显的非线性特征，而且模型参数还具有一定的时变性，即式（2.1）中的 k_v、k_i、δ、ϕ 是时变参数。对其进行线性化处理，获得一个近似系统传递函数，利用模拟补偿器实现了系统的稳压控制，该方法需要同步发电机精确模型下的所有参数，再对其精确模型进行仿真，获得式（2.1）中各参数的近似值，然后设计模拟补偿器来调节控制，这个过程对于模拟补偿器设计（零级点设计与阻容器件的选取）与调试过程来说太过复杂。模糊控制器的优点就是不需要知道控制对象的具体模型就可以简单高效地实现对其控制，所以本节采用的控制策略是模糊控制算法。

为了更加全面地认识基于励磁方式的发射机，有必要对发射机的负载特性、励磁电流与负载的关系等进行研究。下面，首先介绍发射机负载特性，然后对励磁电流与负载的关系进行理论推导，接下来介绍发电机等效近似一阶模型的获取方法，并给出模糊控制策略的实现，最后给出实际野外的实验结果。

1）发射机的负载特性

无论逆变器实际负载是什么类型，都可以采用电阻和直流反电动势串联等效电路作为直流侧的负载模型。地球物理勘探的电磁法发送机输出波形为方波，输出频率要求从 1Hz 到 10kHz 的范围内变化，可用谐波的分析法来进行负载特性分析。

假设供电线的电感为 L，接地电阻为 R。

设输出方波电压基波为

$$u_{1AB} = \frac{4}{\pi} U_{dc} \sin\omega t \tag{2.2}$$

其中，U_{dc} 为直流侧的母线电压，ω 为发射基波的角频率。则电流基波为

$$i_{1AB} = \frac{4}{\pi} \frac{U_{dc}}{\sqrt{R^2 + (\omega L)^2}} \sin\left(\omega t - \tan^{-1}\left(\frac{\omega L}{R}\right)\right) \tag{2.3}$$

输出基波电流有效值为

$$i_{1dc} = \frac{4}{\sqrt{2}\,\pi} \frac{U_{dc}}{\sqrt{R^2 + (\omega L)^2}} \tag{2.4}$$

考虑谐波成分后，直流侧输出电流有效值：

$$I_{dc} = \sqrt{\sum_n \left(\frac{4}{\sqrt{2}\,\pi} \cdot \frac{U_{dc}}{n\sqrt{R^2 + (n\omega L)^2}}\right)^2}, \quad n = 1,\ 3,\ 5,\ \cdots \tag{2.5}$$

为了研究方便，对式（2.5）进行简化，根据自然数倒数的平方和等于 $\pi^2/6$，于是式（2.5）可写为

$$I_{dc} \approx \frac{U_{dc}}{\sqrt{R^2 + (\omega L)^2}} \tag{2.6}$$

当 $1\Omega \leqslant R \leqslant 100\Omega$，$1\text{mH} \leqslant L \leqslant 10\text{mH}$ 时，公式（2.6）在 1Hz（发射低频）的时候，误差为 10% 左右。在 1kHz（发射中频）的时候，误差在 1% ~ 8% 的水平，在 10kHz（发射高频）的时候误差小于 1%，可见式（2.6）可以满足工程需求。

式（2.6）直观地描述了发射电流随发射频率的变化过程。

2）励磁电流与负载的关系

在带整流负载同步发电机系统中有两个不可控整流器，对于不可控整流器而言，如果只考虑基波成分，并忽略发电机定子线圈的电阻，则发电机总电势 E_A，相电流 I_A，端电压 V_ϕ 可以用图 2.4 所示的向量图来表示。

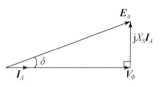

图 2.4　同步发电机基波向量图

假设定子上的线圈有 N_c 匝，穿过转子极面下的磁通量为 ϕ，基波电压频率为 f，则三相定子中任一相的电势峰值为

$$E_A = 2\pi N_c \phi f \qquad (2.7)$$

理想情况下，转子极面下的磁通量与励磁电流 I_f 成正比，设比例系数为 K，于是，上面的式子可以重新写成

$$E_A = 2\pi N_c f \cdot K I_f = C \cdot I_f \qquad (2.8)$$

其中，$C = 2K\pi N_c f$。

根据特勒根定理有

$$V_\phi I_A = U_{dc} I_{dc} \qquad (2.9)$$

根据图 2.4 中的几何关系以及式（2.9）可得

$$E_A^2 = V_\phi^2 + (X_s I_A)^2 = V_\phi^2 + \left(X_s \frac{U_{dc} I_{dc}}{V_\phi} \right)^2 \qquad (2.10)$$

把式（2.8）代入式（2.10），由于发电机的端电压 V_ϕ 相对电流变化很小（输出电压是稳定的），可以认为是一个常数，对式（2.10）两边取微分，于是有

$$\frac{dI_f}{dI_{dc}} \approx \left(\frac{U_{dc} X_s}{C V_\phi} \right)^2 \cdot \frac{I_{dc}}{I_f} \qquad (2.11)$$

对式（2.11）进行分离变量，解微分方程，根据励磁电流为零，输出电流也为零这个物理意义可以确定方程解中的常数项为零，于是有

$$I_f^2 \approx \left(\frac{U_{dc} X_s}{C V_\phi} \right)^2 \cdot I_{dc}^2 \qquad (2.12)$$

令

$$K_f = \frac{I_f}{I_{dc}} = \frac{X_s}{C} \cdot \frac{U_{dc}}{V_\phi} \qquad (2.13)$$

整流端没有电容的时候，端电压基波整流的平均值与直流电压的关系为

$$\int_{\frac{\pi}{2}}^{\frac{\pi}{2}+\frac{\pi}{3}} V_\phi \sin\theta d\theta = \frac{\pi}{3} \times \frac{1}{2} U_{dc} \qquad (2.14)$$

从而有

$$\frac{U_{dc}}{V_\phi} = \frac{3\sqrt{3}}{\pi} \qquad (2.15)$$

把（2.15）式代入（2.13）式可得

$$K_f = \frac{I_f}{I_{dc}} = \frac{3\sqrt{3}}{\pi} \cdot \frac{X_s}{C} \qquad (2.16)$$

Jadric 等（2000）给出了 U_{dc}/V_ϕ 是一个随负载变化的参数，但变化范围不大，当在 50% 的负载到满载条件下，励磁机的变化范围从 1.225 到 1.250，主发电机从 1.300 到 1.270。在带载 10% 到 50% 过程中，励磁机从 1.120 到 1.225，主发电机从 1.340 到 1.300。这也是把 U_{dc}/V_ϕ 等效为一个常数来处理的原因。可见，本书把式（2.15）左端项作为一个常数来处理也是合理的，由此推导出了式（2.16）关于负载电流与励磁电流之间的比例关系。

可以得到一个结论是：励磁电流与直流负载电流在近似条件下可以认为是一个正比关系。K_f 这个参数可以通过实验来确定，即通过不同的负载实验，获得一个相对合理的数值。

3）带整流负载同步发电机系统的近似模型

李基成（2011）给出同步发电机空载条件下励磁系统的开环与闭环频率响应特性，以及低频增益、截至频率、相位裕度等参数信息，同步发电机的频率响应特性截止频率低于 10rad/s，截止频率后其幅度迅速下降，在 100rad/s 附近达到了 –50dB，响应速度较慢，在精度要求不高的情况下，可粗略地看成一个一阶系统。

$$G(s) = \frac{K}{T \cdot s + 1} e^{-\tau s} \tag{2.17}$$

式中，$G(s)$ 表示同步发电机复数 s 域模型；T 为时间常数；K 为放大倍数；τ 为系统延时。

通过向系统输入阶跃信号，测量由系统输出的直流电压响应，从而确定系统参数。

不同负载条件下，系统的时间常数不同，但是，实验发现，该系统的时间常数变化范围很小，可以近似认为是一个常数。

而对于放大倍数 K 值，可通过对实验数据进行一元线性回归分析求得。不同负载条件下，输入励磁电流与输出电压的关系如图 2.5 所示。在同一个负载条件下，输入输出之间基本上保持有一定的线性关系。

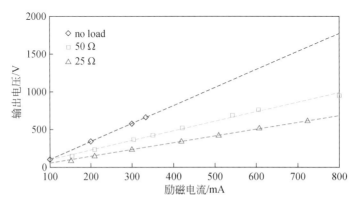

图 2.5　不同负载条件下，输入励磁电流与输出电压的关系

由于电磁响应速度极快，可认为响应输出没有滞后，即 $\tau = 0$，这样，发电机的近似模型就可以被确定出来。

这个近似模型的确定非常重要，它是后面进行系统仿真的重要组成部分。

4）模糊控制策略的实现

模糊控制器的框图如图 2.6 所示，kT 表示第 k 个时间周期，$e(kT)$ 是偏差量，K_e 为误差增益，K_c 是误差变化率的增益，K_i 为积分系数，K_f 为式（2.16）的输出电流对励磁电流的反馈系数，K_u 为模糊控制器的输出增益，ADC 表示模数转换器。该控制器分别把偏差 $e(kT)$ 与偏差变化率 de/dt 作为输入，通过模糊算法后获得一个控制量的输出 $K_u\Delta u(kT)$，把偏差通过比例积分系数后得到的 $u_i(kT)$ 叠加到控制量输出，同时把输出电流通过 K_f 获得的 $u_f(kT)$ 也叠加到控制量，从而加快控制器的反应速度，减小调节时间。把控制量的前一个时刻的值累加到控制量的输出，使得系统具有了累加特性。图中的 $G(s)$ 为发电机的近似一阶模型。

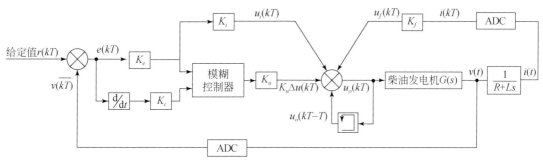

图 2.6　模糊控制器结构框图

由图 2.6 可知，控制量为

$$u_o(kT) = u_o(kT-T) + K_u\Delta u(kT) + K_eK_ie(kT) + K_fi(kT) \qquad (2.18)$$

其中，T 为采样周期。

对式（2.18）两边取 z 变换得

$$U_o(z) = z^{-1}U_o(z) + K_u\Delta U(z) + K_eK_iE(z) + K_fI(z) \qquad (2.19)$$

移项、合并同类项得

$$U_o(z) = \frac{1}{1-z^{-1}}[K_u\Delta U(z) + K_eK_iE(z) + K_fI(z)] \qquad (2.20)$$

$\dfrac{1}{1-z^{-1}}$ 在离散域中具有累加和的性质，相当于连续域的积分运算。理论上，当 $e(KT) = 0$，$\Delta u(KT) = 0$ 时停止调节，系统实现了无静差控制。

控制系统中引入了负载电流的前馈控制来提高其抗负载扰动的能力，其中的反馈系数 K_f 的确定可以参考式（2.16），通过实验来确定。

利用图 2.5 构建仿真模型，其中在 3s 时刻，负载电阻从 25～50Ω 切换，控制输出电压为 500V，仿真结果如图 2.7 所示：

从仿真结果可以看出，从 25Ω 跳转到 50Ω 也就是输出负载电流从 20A 跳转到 10A 的条件下，系统迅速进入稳态，调节时间为 0.2s 左右。

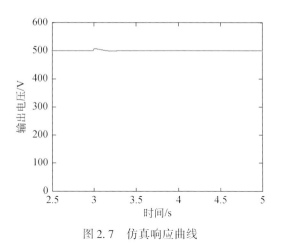

图 2.7　仿真响应曲线

5）野外实验结果

利用上面设计的模糊控制器，到野外实验，约 25Ω 的接地电阻，供电线长为 1.2km，等效电感约为 1mH。直流母线的控制电压为 500V，输出频率在 1～9600Hz 跳变，观察直流母线上的电压调节效果。利用 Agilent 公司的 DS0_ X 3024A 型号的示波器对观测系统的输出波形进行捕捉，采样率为 100kSa/s 并把捕捉数据导出来，用 Matlab 绘图工具重新绘制如图 2.8 所示。

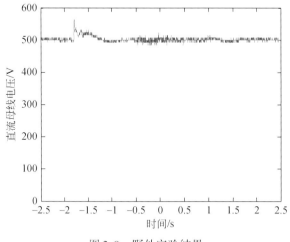

图 2.8　野外实验结果

由实验波形数据可知，发射频率从 1Hz 突然切换到 9600Hz 时，在切换瞬间的地方，输出电压有一个尖峰，之后，系统被迅速调节到稳态状态，调节时间为 0.2s 左右，与上面的仿真结果基本吻合。通过大量实验表明：这个调节时间不是固定的，根据负载的变化而变化，通常负载越大，调节时间会越长，这个调节时间通常可以被控制在 1s 以内。

实验数据与仿真结果的差异主要因为系统仿真模型是近似模型造成的。但实验结果与仿真结果所表现出来系统控制的特征是一致的，证明了控制的有效性与实用性。

励磁调节大功率电磁信号发射机控制简单，没有高频开关所带来的电磁干扰问题，是实现大功率电磁信号发射机的一种有效方案。

2.2.2　脉宽调制 DC/DC 全桥变换器的大功率电磁信号发射机

由于励磁调节大功率电磁信号发射机的控制系统包含了整个发电机，需要对传统发电机进行改造，去掉传统发电机的励磁控制部分。而用上节提供的控制策略来实现整个闭环的输出电压控制，通用性上存在一点遗憾，所以，基于脉宽调制的 DC/DC 全桥变换器方案（也就是传统上说的双直双交模式）得到了更多的重视，SEP 发射机正是基于这种模式。本节将对基于脉宽调制的 DC/DC 全桥变换器作简要介绍。

1. 工作原理

基于脉宽调制的 DC/DC 全桥变换器发射机拓扑结构如图 2.9 所示，包括柴油发电机、不可控整流桥、DC/DC 变换器、发射桥等。

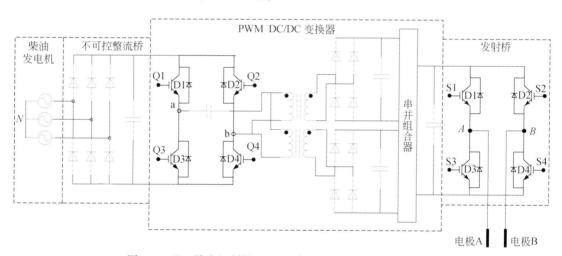

图 2.9　基于脉宽调制的 DC/DC 全桥变换器发射机拓扑结构

发电机输出三相电压经过不可控整流桥后接支撑电容，使得输出为纹波较小的直流电压。直流电压通过核心模块 DC/DC 变换器获得发射电压，最后通过发射桥给供电电极发射波形。由图 2.8 可知，这个脉宽调制 DC/DC 变换器实际上是由两个完全一样的 DC/DC 全桥变换器来实现的，下面只对其中的一个作简单介绍。对于脉宽调制 DC/DC 全桥变换器如图 2.10 所示。

当斜对角的两个开关管 S1 和 S4 同时导通时，逆变桥中点间的电压 v_{ab}，也就是变压器原边电压等于 V_{in}，副边整流二极管 D1 和 D4 导通整流后的电压为 $v_{rect} = V_{in}/K$，其中 K 为变压器的原副边匝数比。输出滤波电感的电压为 $V_{in}/K - V_o$，其电流 i_{L_f} 线性增加，原边电流 $i_p = i_{L_f}/K$ 也线性增加。

当斜对角的 S2 和 S3 同时导通时，$v_{ab} = -V_{in}$，副边整流二极管 D2 和 D3 导通，$v_{rect} =$

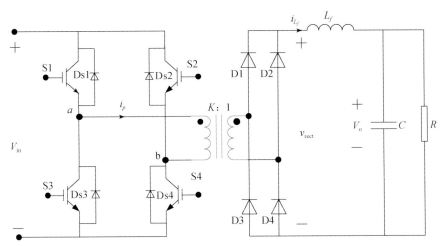

图 2.10　全桥变换器的电路拓扑

V_{in}/K，i_{L_f} 线性增加。原边电流 $i_p = -i_{L_f}/K$ 向相反极性线性增加。

当四个开关管全部关闭时，原边电流为零，滤波电感电流通过四个整流二极管续流，四个整流二极管的电流均为滤波电感电流的一半。由于四个整流二极管均导通，变压器副边电压电流均为零，此时加载滤波电感上的电压为 $-V_o$，这个负压使其电流线性下降。如果负载较小，或者滤波电感较小，该电流会在两个开关管开通之前下降到零，且一直保持为零，直到下一组开关导通。

从上面的分析可知，由于原副边的匝数比 K 的作用，加上脉宽调制算法控制脉宽占空比，就可以实现输出稳定电压很宽。

2. 闭环控制策略

脉宽调制电路模型通常是基于平均值理论建立起来的，也就是各个电路变量都以开关周期的平均值来表示，用开关周期平均算子 $\langle \cdot \rangle_{T_s}$ 来描述。基于开关周期平均算子理论，可以得到如下电感的特性方程

$$\langle v_L(t) \rangle_{T_s} = L \frac{i(t+T_s) - i(t)}{T_s} = L \frac{\mathrm{d} \langle i(t) \rangle_{T_s}}{\mathrm{d}t} \tag{2.21}$$

电容的特性方程可以表示为

$$\langle i_C(t) \rangle_{T_s} = C \frac{\mathrm{d} \langle v(t) \rangle_{T_s}}{\mathrm{d}t} \tag{2.22}$$

从而把基于脉宽调制的非线性系统转换成传统的线性系统，利用经典的线性控制理论就可以实现对脉宽调制电路的有效控制。

SEP 发射机正是基于脉宽调制的 DC/DC 全桥变换器，图 2.11 所示为 SEP 发射机的闭环控制策略框图。

由图 2.11 可知，SEP 发射机利用分数阶 PID 控制策略，其中 K_{PWM} 为生成的具有某一占空比的脉宽驱动信号对应的增益参数，$G(s)$ 为逆变器的数学模型，L_f 为滤波电感，R

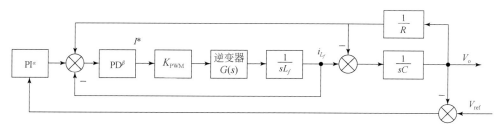

图 2.11　SEP 发射机控制策略框图

为负载，C 为滤波电容，V_o 为输出电压，V_{ref} 为输出参考电压。其工作过程是：输出电压与参考电压进行比较获得一个误差信号，该误差信号通过一个 PI 补偿器，把负载电流与滤波电感电流相减作为前馈电流信号加入该补偿器的输出实现电压电流的双环控制，得到一个滤波电感电流的指令信号；利用该指令信号获得对应的占空比的脉宽信号来驱动逆变桥从而实现对滤波电感电流的控制，最终达到控制输出电压的目的。电流前馈控制的引入大大提高了系统的动态响应速度，同时还对减小超调量与调节时间具有重要作用。

2.3　发射桥的软开关设计

正如 2.2 节所介绍的，不管是什么方案的发射机，除了整流升压部分不同外，最后的发射桥是一样的，随着发射功率以及发射频率的增加，发射桥的开关损耗也不断增加，导致温度升高，直接影响系统的稳定性与可靠性。实现发射桥的软开关也是非常重要的。

2.3.1　吸收电容的选择

由于分布电感的存在，发射桥工作时，会在开关管 IGBT 的集电极和射极之间产生电压尖峰，为了消除这个尖峰，通常要引入吸收电路，在发射大功率条件下，希望所用的吸收电路除了能够消除尖峰外，还能够实现发射桥的软开关，同时自身又没有损耗，所以选择利用电容充放电的吸收电路，如图 2.12 所示。

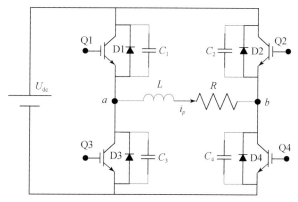

图 2.12　发射桥臂的并联无损吸收电容电路

发射桥上的这个并联无损吸收电容的选择至关重要，电容选择太小，起不了作用，电容选择太大，开关损耗进一步恶化。找到这个电容的上限值非常重要。

如图 2.12 所示，L 为供电线的等效电感，R 为等效接地电阻，$C_1 \sim C_4$ 为四个吸收电容。假设桥臂上的电容相等，为了实现零电压开关，电感中的能量必须足够转移电容上的电荷，同时还能够将同一桥臂上的另一个电容电压上升到母线电压，如右桥臂有

$$L\frac{I_{\max}^2}{2} \geqslant C_2 \frac{U_{dc}^2}{2} + C_4 \frac{U_{dc}^2}{2}, \qquad C_2 = C_4 = C \tag{2.23}$$

其中，$I_{\max}$ 为发射最大电流，从而获得电容的上限为

$$C \leqslant \frac{L}{2}\left(\frac{I_{\max}}{U_{dc}}\right)^2 \tag{2.24}$$

根据式（2.6）关于发射电流与直流母线电压的关系，以及高频发射时，发射电流近似正弦，可认为其有效值与直流母线输出电流相当，于是可得

$$I_{dc} \approx \frac{U_{dc}}{\sqrt{R^2 + (\omega L)^2}} \approx \frac{I_{\max}}{\sqrt{2}} \tag{2.25}$$

把式（2.25）代入式（2.24）有

$$C \leqslant \frac{L}{R^2 + (\omega L)^2} \tag{2.26}$$

式（2.26）右端项就是吸收电容选取的上限值表达式。需要注意的是，上面公式中的 ω 是发射波形的角频率，通常这里选择所需发射的最高频率。例如，接地电阻为 50Ω，供电线等效电感为 1.31mH，需要发射的最高频率为 10kHz，所选电容小于 0.14μF，可以选 0.1μF。

2.3.2　移相软开关驱动

通过上一节的介绍，获得并联吸收电容后，通常利用普通的硬开关驱动也可以实现发射桥臂的零电压开关（ZVS），但实际上，利用移相驱动方式可以获得更理想的软开关效果。

所谓的移相软开关驱动就是发射桥的对角开关管不是同时开关，具有一定的时间滞后性。如图 2.13 所示。

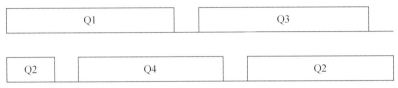

图 2.13　移相软开关驱动

关于移相软开关驱动的文献很多，参考文献中列了两篇文献，这里就不再赘述。

参　考　文　献

底青云，方广有，张一鸣．2013．地面电磁探测系统（SEP）研究．地球物理学报，56（11）：3629～3639

底青云，王妙月，付长民，等．2013．"地-电离层"模式电磁波传播特征研究．北京：科学出版社

葛友，李春文．2002．H∞ 滑模鲁棒励磁控制器设计．中国电机工程学报，22（5）：1～4

何彬，欧阳明高．2006．柴油发电机-整流负载系统多变量变增益控制．中国电机工程学报，26（3）：146～152

李基成．2011．现代同步发电机励磁系统设计及应用．2 版．北京：中国电力出版社

李啸骢，程时杰，韦化，等．2004．一种高性能的非线性励磁控制．中国电机工程学报，23（12）：37～42

凌代俭，沈祖诒．2005．水轮机调节系统的非线性模型、PID 控制及其 Hopf 分叉．中国电机工程学报，25（10）：97～102

田铭兴，励庆孚，李文富．2003．带整流负载同步发电机的 Matlab 建模和仿真．西安交通大学学报，37（2）：132～135

席爱民．2008．模糊控制技术．西安：西安电子科技大学出版社

许胜，赵剑锋，倪喜军，等．2009．SPWM-2H 桥逆变器直流侧等效模型．电工技术学报，24（8）：90～94

张加胜，张磊．2004．四象限变流器的一种统一性建模及分析方法研究．中国电机工程学报，24（8）：39～44

张加胜，张磊．2007．PWM 逆变器的直流侧等效模型研究．中国电机工程学报，27（4）：103～107

张晓锋，张盖凡．1997．带整流负载的同步发电机的电路模型．清华大学学报：自然科学版，37（4）：97～100

真齐辉，底青云，刘汉北．2013．励磁控制的 CSAMT 发送机若干技术研究．地球物理学报，56（11）：3751～3760

Das S, Pan I, Das S, et al. 2012. A novel fractional order fuzzy PID controller and its optimal time domain tuning based on integral performance indices. Engineering Applications of Artificial Intelligence, 25（2）：430～442

Hu B G, Mann G K I, Gosine R G. 2001. A systematic study of fuzzy PID controllers function based evaluation approach. Fuzzy Systems, IEEE Transactions on, 9（5）：699～712

Jadric I, Borojevic D, Jadric M. 2000. Modeling and control of a synchronous generator with an active DC load. Power Electronics, IEEE Transactions on, 15（2）：303～311

Jang Y, Jovanovic M M. 2004. A new family of full-bridge ZVS converters. Power Electronics, IEEE Transactions on, 19（3）：701～708

Jang Y, Jovanovic M M. 2007. A new PWM ZVS full-bridge converter. Power Electronics, IEEE Transactions on, 22（3）：987～994

Jatskevich J, Pekarek S D, Davoudi A. 2006. Fast procedure for constructing an accurate dynamic average-value model of synchronous machine-rectifier systems. Energy Conversion, IEEE Transactions on, 21（2）：435～441

Jatskevich J, Pekarek S D, Davoudi A. 2006. Parametric average-value model of synchronous machine-rectifier systems. Energy Conversion, IEEE Transactions on, 21（1）：9～18

Li H X, Zhang L, Cai K Y, et al. 2005. An improved robust fuzzy-PID controller with optimal fuzzy reasoning. Systems, Man, and Cybernetics, Part B: Cybernetics, IEEE Transactions on, 35（6）：1283～1294

Rahmat M F, Ghazaly M M. 2012. Performance comparison between PID and fuzzy logic controller in position control system of DC servomotor. Jurnal Teknologi, 45（1）：1～17

Yau H T, Yu P H, Su Y H. 2014. Design and implementation of optimal fuzzy PID controller for DC servo motor. Appl. Math, 8（1L）：231～237

第3章　分布式电磁采集站

传统的集中式采集存在采集速度慢，时间间隔与同步难以精准控制，系统调试困难，程序可移植性差等问题。因此，很有必要设计多个机器分布运行，以适应大量数据的采集。需要多并发采集，使采集任务的运行周期可控；需要简单方便地加入新的采集任务，而不至于调试过于复杂。特别是随着频率域电磁测深方法的不断进步，地面电磁采集测线不断加长，测点不断增多，由点及面组成区域多通道电磁数据采集网络，实现三维电磁勘探，分布式电磁采集站正是基于这个应用背景应运而生。

分布式电磁采集站是 SEP 系统的重要组成部分，为了全面地了解 SEP 采集站的原理，首先需要介绍采集站的整体构架；然后介绍仪器的模拟信号调理；接下来对信号采集与数据处理进行详细介绍；然后针对地面电磁信号弱、干扰强的特点，对采集站的一些关键技术进行阐述，最后给出采集站的部分性能测试以及野外工作结果。

3.1　采集站的构架

SEP 采集站的研制内容主要包括硬件电路设计、数据处理设计、管理软件设计、监控设计、预处理软件设计等，其中硬件电路设计是为了能够获得高质量的信号；数据处理是为了获得高质量的数据；管理软件是为了协调采集站的工作；监控设计是为了实时获得仪器的工作状态以及获取数据的质量；预处理软件是为了从采集过来的数据计算出电场与磁场的幅度和相位的信息。当然，采集站还包括其他的一些辅助型的工作，具体内容如图 3.1 所示。

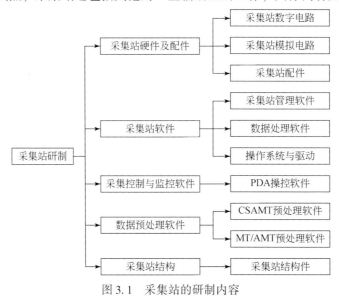

图 3.1　采集站的研制内容

3.2　微弱电磁模拟信号调理

高精度、低噪声、宽频带的微弱信号检测电路是电磁采集站的重点。本节从带通正反馈高频增益补偿和全差分放大这两个电路对电磁采集站模拟信号的调理技术进行简要地介绍。

3.2.1　带通正反馈高频增益补偿

电磁采集站处理电磁模拟信号按照先滤波，再放大，后采集的顺序，因此电磁信号进入采集站的第一级就是滤波器。由于电场信号是通过两个埋在地上的电极来获取的，电极与大地之间的接地电阻随着工区变化而变化，随着处理电极方式的变化而变化，接地电阻的变化会影响第一级的滤波器；随着接地电阻的增大，三阶无源低通滤波器的带宽逐渐减小，为了稳定滤波器的频率特性，需要采用带通正反馈高频增益补偿技术。

图 3.2 所示为带通正反馈高频增益补偿电路，图中的 v_s 为电场信号源，R_x 为接地电阻，在无源三阶低通滤波器的输出端通过跟随器后，用带通正反馈电路对其进行电位补偿。系统根据接地电阻的大小，控制图中的 $S_1 \sim S_8$ 开关的开通与关闭；设置该电路的带宽，既保证对噪声有一定的抑制，也要保证具有足够的带宽来测量微弱的电场信号。所以，在测量之前需要知道接地电阻的大概水平，来选择电路的带宽，然后再把该电路模块的输出信号送给下一级差分放大器。

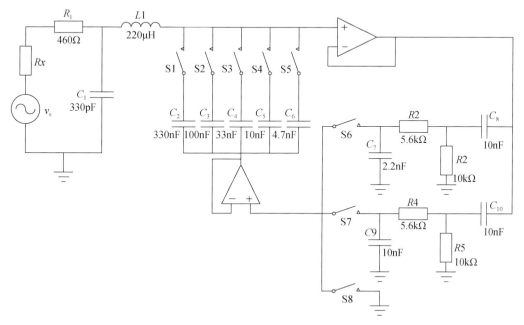

图 3.2　带通正反馈高频增益补偿电路

3.2.2 全差分运放电路

在检测与测量系统中，前置放大电路一般采用差分放大，差分放大电路可以很好地抑制共模噪声，抗干扰能力强。在电法勘探领域中，由于电场、磁场传感器输出的微弱信号要经过几米至几十米电缆传送给采集站，传输电缆线更容易受到共模干扰，因此差分放大电路在电法勘探仪器中应用得很普遍。

图3.3为全差分运放电路，有如下几点特征：输入阻抗大，对信号源的输出阻抗不敏感；输出阻抗小，对负载的适应能力较强；使用高精度、高一致性、温漂小的电子元器件，保证增益精确、稳定；共模抑制比大。

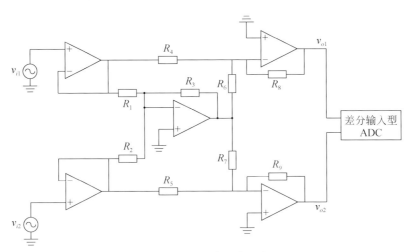

图 3.3　全差分运放电路

若电阻 $R_1 = R_2 = 2R_3$，$R_4 = R_5 = R_6 = R_7$，$R_8 = R_9$，设差分运放的两个输入信号分别为 v_{i1}、v_{i2}，两个输出信号分别为 v_{o1}、v_{o2}，则有

$$v_{o1} - v_{o2} = -\frac{R_8}{R_4} \cdot (v_{i1} - v_{i2}) \tag{3.1}$$

把全差分运放电路的两个输出信号送给差分输入型模数转换器（ADC）。

3.3　信号采集与数据处理

采集系统采用的差分输入型模数转换器（ADC）为 24bit 音频模数转换芯片 AK5393，该芯片是日本 AKM 公司生产的一款高性能音频 A/D 芯片，动态范围可达 117dB，采样率 1～108kHz，可根据信号频率选择适合的采样率。该芯片无需外部提供参考电压，并可提供一路精准偏置电平，可提高信号通道对漂移的抗干扰能力。与大多数高精度 ADC 没有高阻抗输入特性一样，AK5393 也是将输入信号直接通过开关连接到采样电容上，需要对采样电容器充电，而且必须在采样时间内充电完全，否则会损耗其精度。

采集站某通道的整个信号采集与数据处理流程如图 3.4 所示。

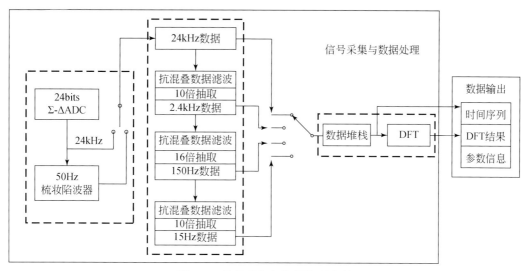

图 3.4　信号采集与数据处理流程

采集站设计了 12 通道的 ADC，转换结束后通过各自数据总线传输至现场可编程门阵列（FGPA）数据缓存区，经过工频梳状陷波、尖峰干扰滤波、抽取滤波后送到数据堆栈中，再进行叠加平均滤波后，进行 DFT 运算，并将数据保存与无线传送至监控设备，进行实时监控数据质量。

3.3.1　多接收机的同步

对于信号采集部分，关键是多接收机同步技术；对于数据处理部分，关键是各种数字滤波器的设计、数据抽取、DFT 运算，以及微弱信号的一些抗干扰技术。下面将对这些技术进行逐一介绍。

多接收机多通道同步原理如图 3.5 所示。

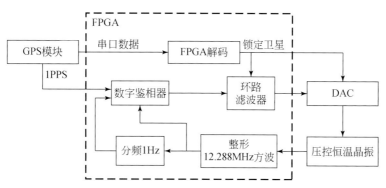

图 3.5　基于 GPS 与恒温晶振数字锁相环同步实现

可见，多接收机多通道同步技术是利用 GPS 与压控恒温晶振组合，并采用数字锁相技术来实现的。

由于 GPS 模块输出的 1PPS 信号存在较大的随机误差，但却没有累计误差；而恒温晶振时钟信号的随机误差较小，但却受到自身老化与外界温度等因素的影响，存在频率漂移现象，具有较大的累计误差，需要通过实时调节恒温晶振压控端的电压来进行频率校准。所以把 GPS 的 1PPS 信号与恒温晶振时钟信号进行互补来实现同步，方案如图 3.5 所示。

该方案以 FPGA 作为控制器，实现数字锁相环的功能，包括了数字鉴相器、环路滤波器、D/A 转换器、压控恒温晶振。系统上电后，GPS 开始跟踪卫星，如果锁定卫星，就解码 GPS 数据，获取位置、时间、可视卫星数、状态灯信息，然后初始化 DAC 驱动模块，并输出相应数字信号至 DAC，DAC 输出电压至恒温晶振压控端，调节恒温晶振输出频率。同时 GPS 输出的秒脉冲信号 1PPS，通过计数两个秒脉冲沿之间恒温晶振输出脉冲的个数，并与实际要求工作频率 12.288MHz 相比较，计算出锁相检测相位差；根据该相位差，将相应的数字控制信号写入 DAC 驱动，进行自动的调节，直至输出频率达到设计需求，数字锁相调节时钟完成。

压控恒温晶振型号为 OX2525A，通过上述的锁相环后，为采集系统提供了精准的时钟源，DAC 选用 DAC7512，外围电路简单，通过 SPI 接口与主控 FPGA 进行通信。

3.3.2 数据抽取

对于频率从 0.1Hz 到 10kHz 跨越 5 个数量级的宽频带信号采集，相同采集时间内，如果采样率越高，数据量就越大，处理时间越长，同时要求采集系统的数据传输速率较高。根据采样定理可知，奈奎斯特采样频率是可以从采样信号中恢复原始信号，不会造成频率混叠的最低采样率，以该采样频率对信号采集可以获得最小的数据量。因此根据信号频率的不同而采用不同的采样率，既达到满足抽样定理，又最大限度地减小数据量，从而降低了对数据处理和传输单元的要求。

对于不同被测信号频率，如果采用改变模数转换器采样率的方法，需要在模数转换器前设计截止频率小于采样率一半的抗混叠滤波器。对于宽频带、多频点的精确测量，需要设计多个不同截止频率或者一个截止频率可调的抗混叠滤波器，这不但增加了模拟电路的复杂度，可调范围宽的低通滤波器的设计难度大，同时还会存在截止频率抗混叠滤波器的稳定性问题，这些不利因素都使得多台接收机的一致性难以保证。

针对信号采集中改变模数转换器采样率存在的问题，提出了固定模数转换器的采样率，通过对采集的数据进行数字抽取降低采样率，从而减小了数据量。由于模数转换器的采样率不变，因此只需一个固定截止频率的抗混叠滤波器，也降低了对滤波器过渡带的宽度要求，从而易于模拟电路实现。由于数字抽取相当于对原始信号的二次采样，抽取同样需要满足采样定理。下面分析满足无混叠的抽取条件，并给出当不满足条件时的数字抗混叠滤波器的设计方法。

1. 无混叠抽取条件分析

当以采样频率 f_s 对连续时间信号 $x(t)$ 采样时，采样信号可以表示为

$$x(n)=x(t)\mid_{t=nT_s} \tag{3.2}$$

其中，$T_s=1/f_s$，为采样间隔（也叫采样周期）。当将采样频率 f_s 降低到 f_s/M（M 为一个自然数），可以通过在 $x(n)$ 中每隔 M 个采样数据抽取一个样本，即去掉其余的（$M-1$）个

采样数据，抽取后的新序列 $y(n)$ 表示为

$$y(n) = x(Mn) \tag{3.3}$$

为了分析抽取信号 $y(n)$ 和采样信号 $x(n)$ 在时域与频域中的关系，引入高采样率的序列 $x_1(n)$

$$x_1(n) = \begin{cases} x(n), & n=0, \pm M, \pm 2M, \cdots \\ 0, & \text{其他} \end{cases} \tag{3.4}$$

该序列实质上是将采样信号 $x(n)$ 与周期为 M 的脉冲串 $p(n)$ 相乘得到，表示为

$$x_1(n) = x(n)p(n) = x(n) \sum_{i=-\infty}^{\infty} \delta(n - Mi) \tag{3.5}$$

即脉冲串在 M 的整数倍处的值为 1，其余值为零。图 3.6 给出了信号抽取过程中采样信号、周期脉冲信号、新采样信号 $x_1(n)$ 以及抽取后的信号的示意图。

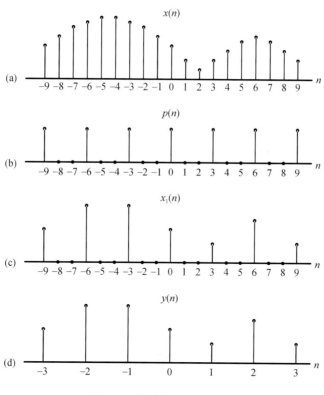

图 3.6　信号抽取过程示意图

(a) $x(n)$; (b) $p(n)$; (c) $x_1(n)$; (d) $y(n)$

$y(n)$ 序列和 $x_1(n)$ 的 z 变换分别是 $Y(z)$ 和 $X_1(z)$，表示式如下

$$Y(z) = \sum_{n=-\infty}^{\infty} y(n)z^{-n} = \sum_{n=-\infty}^{\infty} x(Mn)z^{-n} = \sum_{n=-\infty}^{\infty} x_1(Mn)z^{-n} = X_1(z^{\frac{1}{M}}) \tag{3.6}$$

根据 Possion 公式及 DFS 理论得

$$X_1(z) = \sum_{n=-\infty}^{\infty} x(n)p(n)z^{-n} = \frac{1}{M} \sum_{k=0}^{M-1} X(zW_M^k) \tag{3.7}$$

其中

$$W_M = \mathrm{e}^{-\mathrm{j}2\pi/M} \tag{3.8}$$

于是可得

$$Y(z) = \frac{1}{M}\sum_{k=0}^{M-1} X(z^{1/M}W^k) \tag{3.9}$$

通过 $Y(z)$ 在单位圆上求值可得输出信号 $y(n)$ 的频谱，由于 $y(n)$ 的采样率是 $f_y = 1/T_y$，频率变量 ω_y 是相对于采样率 f_y 的。若以 f_x 表示抽取前的信号采样频率，那么抽取前后采样率为

$$f_y = \frac{f_x}{M} \tag{3.10}$$

于是有

$$\omega_y = M\omega_x \tag{3.11}$$

可见，通过抽取过程，频率范围 $0 \leqslant |\omega_x| \leqslant \pi/M$ 被扩展到相应的频率范围 $0 \leqslant |\omega_y| \leqslant \pi$。所以有

$$Y(\omega_y) = \frac{1}{M}\sum_{k=0}^{M-1} X\left(\frac{\omega_y - 2\pi k}{M}\right) \tag{3.12}$$

为了避免混叠误差，需要让频谱 $X(\omega_x)$ 满足下面的条件

$$X(\omega_x) = 0, \quad \pi/M \leqslant |\omega_x| \leqslant \pi \tag{3.13}$$

那么

$$Y(\omega_y) = \frac{1}{M}X\left(\frac{\omega_y}{M}\right), \quad |\omega_y| \leqslant \pi \tag{3.14}$$

2. 低通滤波器的设计

由采样定理可知，在第一次对信号 $x(t)$ 抽样时，若保证 $f_s \geqslant 2f_c$，那么抽样的结果不会发生混叠。对 $x(n)$ 以间隔为 M 再次抽取后得到的新序列 $y(n)$，若保证能由 $y(n)$ 重建 $x(t)$，那么 $Y(\omega_y)$ 的一个周期（$-\pi/M \sim \pi/M$）也应等于 $X(\omega_x)$，这要求抽样速率 $f_s \geqslant 2Mf_c$，如果不满足，那么 $Y(\omega_y)$ 将发生混叠。

对于不同频率的信号，频率越低，M 值越大，采样率降得越低。由于 M 可变，所以很难要求在不同的 M 下都保证 $f_s \geqslant 2Mf_c$。因此，需要在抽取前先对 $x(n)$ 作低通滤波，压缩其频带，然后再抽取。

令 $h(n)$ 为一理想低通滤波器，其系统函数为

$$H(\omega_x) = \begin{cases} 1, & |\omega_x| \leqslant \dfrac{\pi}{M} \\ 0, & \text{其他} \end{cases} \tag{3.15}$$

经过滤波后的输出为 $v(n)$

$$v(n) = \sum_{k=-\infty}^{\infty} h(k)x(n-k) \tag{3.16}$$

对 $v(n)$ 抽取后的序列为 $y(n)$，则有

$$y(n) = v(Mn) = \sum_{k=-\infty}^{\infty} h(k)x(Mn-k) \tag{3.17}$$

其 z 变换为

$$Y(z) = \frac{1}{M} \sum_{k=0}^{M-1} X(W_M^k z^{1/M}) H(W_M^k z^{1/M}) \tag{3.18}$$

于是可得

$$Y(\omega_y) = \frac{1}{M} \sum_{k=0}^{M-1} X\left(\frac{\omega_y - 2\pi k}{M}\right) H\left(\frac{\omega_y - 2\pi k}{M}\right) \tag{3.19}$$

若 $|\omega_y| \leqslant \pi$，则 $|\omega_x| \leqslant \pi/M$，在上式中，由于低通滤波器的存在，其频谱被限制在 π/M 内，所以仅考虑 ω_y 一个周期，于是有

$$Y(\omega_y) = \frac{1}{M} H\left(\frac{\omega_y}{M}\right) X\left(\frac{\omega_y}{M}\right) = \frac{1}{M} X(\omega_x) \tag{3.20}$$

3. 级联积分梳状滤波器

根据前面两节的分析可知，降低采样速率的关键问题是设计满足抽取抗混叠要求的数字滤波器，滤波器的性能好坏直接影响取样速率变换的效果和实时处理能力。采用级联积分梳状滤波器（CIC）实现低通滤波器和抽取，可以有效降低采样率。

N 级 CIC 滤波器主要由 N 级积分器、抽取器 R 和 N 级梳状滤波器三部分组成，如图 3.7 所示。

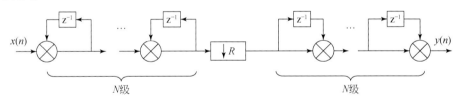

图 3.7 级联积分梳状滤波器结构

CIC 滤波器 z 域传输函数为

$$H(z) = \left(\frac{1-z^{-RM}}{1-z^{-1}}\right)^N \tag{3.21}$$

其中级联积分器的传输函数为

$$H_1(z) = \left(\frac{1}{1-z^{-1}}\right)^N \tag{3.22}$$

级联梳状滤波器的传输函数为

$$H_2(z) = (1-z^{-RM})^N \tag{3.23}$$

以上表达式中，N 为积分梳状滤波器的级联数，R 为数字变频中采样率或插补率，M 为调整滤波器特性而设置的调整因子，N、R、M 的取值是自然数。

于是可得 CIC 的幅频特性为

$$|H(\mathrm{e}^{\mathrm{j}\omega})| = \left|\frac{\sin\left(\frac{RM\omega}{2}\right)}{\sin\left(\frac{\omega}{2}\right)}\right|^N \tag{3.24}$$

相频特性为

$$\theta(\omega) = -\frac{RM-1}{2} \cdot N\omega \tag{3.25}$$

时延特性为

$$\tau(\omega) = -\frac{RM-1}{2} \cdot N \tag{3.26}$$

由幅频特性可知，N 级 CIC 滤波器的最大幅度增益为

$$G = (RM)^N \tag{3.27}$$

幅度增益随级数 N、抽样因子 R 和延迟因子 M 的增加呈指数增大，为了防止增益过大产生数据溢出错误，要求计算过程中的数据寄存器具有足够的位宽。设多级 CIC 滤波器输入位宽为 B_{in}，那么计算过程中内部数据寄存器的最大总位宽为

$$B_{out} = B_{in} + N \log_2(R \cdot M) \tag{3.28}$$

4. 级联积分梳状滤波器实现

由于 MT/AMT 信号的高频段信号周期短、采样率高，因此为了获得更大的信号多样性、降低短时干扰破坏整个高频数据的概率，并降低数据量，设计高频段数据采集为间歇式的分段数据采集方式；在低频段则使用低采样率进行连续数据采集与存储。高低频数据在整个测量期间都进行数据记录，提高数据预处理中求解互功率谱参数时的稳定性。

对于每个 CIC 滤波器，拟采用 5 级级联结构，阻带衰减可达 67.3dB，设计流程如图 3.8 所示。

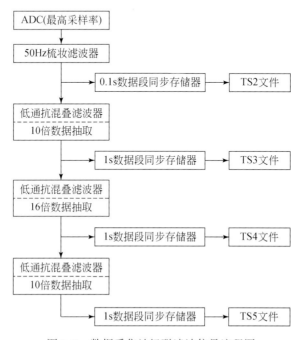

图 3.8　数据采集站级联滤波信号流程图

　　针对 CSAMT 和 MT 的信号采集，由于频点个数多，如果对每个频率都设置不同的采样频率，则需要设计多个 CIC 滤波器，占用 FPGA 内部资源太多。因此将整个频段划分为 4 个子频段，每个子频段采用相同的采样率。A/D 以最高采样率工作，采集的数据依次通过不同的频率变换因子的 CIC 滤波器，可得到不同采样率的采样数据，加上不经过抽取直接输出的数据，这 4 个采样率可满足 CSAMT/MT 不同频率段信号的采集需要。

3.3.3　基于 FPGA 的 DFT

　　Xilinx 的 ISE 中包含了离散傅里叶变换（DFT）的 IP 核，但是，其能转换的最高输入位数为 18 位；而在接收机的设计中，AD 采集的数据位数为 24 位，Xilinx 的 IP 核不能达到设计要求。因此，需要在 FPGA 强大的数字逻辑功能基础上设计出可以处理 24 位数据的 DFT 算法程序。

　　由于通过 AD 模数转换之后的信号属于有限长序列的离散量，因此对采集数据作频谱分析时要使用离散傅里叶变换。$x(i)$ 是一个长度为 M 的有限长序列，则有

$$X[k] = \sum_{i=0}^{N-1} x(i)\cos(2\pi ki/N) - j\sum_{i=0}^{N-1} x(i)\sin(2\pi ki/N) \tag{3.29}$$

其中，$0 \leqslant i \leqslant N-1$，并且实部与虚部分别为

$$\begin{cases} \mathrm{Re}X[k] = \sum_{i=0}^{N-1} x(i)\cos(2\pi ki/N) \\ \mathrm{Im}X[k] = -\sum_{i=0}^{N-1} x(i)\sin(2\pi ki/N) \end{cases} \tag{3.30}$$

　　可见，DFT 算法程序应包含乘法器、$\sin(\theta)$ 值以及存储数据的随机存储器（RAM）。由于 Xilinx Spartan6 的 DSP 乘法器最高只能计算 18 位的数据，为了解决这一问题，设计中将采集的 24 位数据预先拆分为 2 个 12 位的数据，然后分别进行计算，设计结构如图 3.9所示。本设计程序为最多处理 1000 个点的 DFT 运算。

　　由图 3.9 可知，基于 FPGA 的 DFT 实现主要核心部件由双口 RAM 存储器模块、频率合成器 DDS 模块以及数字信号处理（DSP）模块组成，下面对这些模块分别进行简要的介绍。

1. 双口 RAM 存储器设计

　　由于 Xilinx Spartan-6 中的 BRAM 有 18Kbit 的存储空间，因此，可将其配置成两个独立 9Kbit 的 BRAM 或一个 18Kbit 的 BARM 两种方式。每个 RAM 可以通过两个端口寻址，也可以通过一个端口寻址，而对于 RAM 的读写操作都只需一个时钟周期即可完成。图 3.10 为双口 RAM 的设计界面。

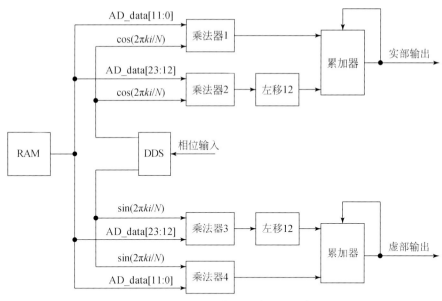

图 3.9　基于 FPGA 的 DFT 实现原理框图

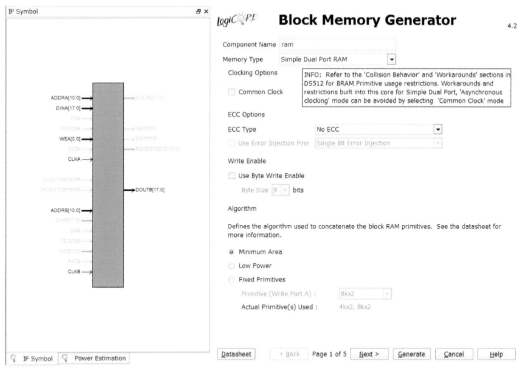

图 3.10　双口 RAM 的设计界面

2. 直接数字频率合成器 DDS 模块设计

与传统的频率合成器相比，DDS 具有成本低、功耗低、分辨率高和转换时间短等优点，其实现的原理如图 3.11 所示。

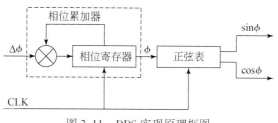

图 3.11　DDS 实现原理框图

在实际应用中，由于并未用其频率生成功能，只需在输入具体的相位值时输出幅值即可，因此将其相位累加部分省去，只使用相位寄存器与相位查找表。

3. DSP 模块设计

为了适应复杂的 DSP 运算，Xilinx Spartan-6 在 Spartan 3A DSP 模块 DSP48A 的基础上不断进行功能扩展，推出了功能更强大的 DSP48A1 SLICE。DSP48A1 的算术部分包含：1 个 18 位预加器、2 个 48 位数据输入多路复用器、18×18 位二进制补码乘法器以及跟随一个 48 位符号可扩展的后加法器。

DSP48A1 的数据及其控制输入，连接到结构中的算术部分与逻辑部分。在 A、B 输入通道上有两级流水线寄存器。其他数据和控制输入通道也有一级流水线寄存器。在使用流水线寄存器情况下，最高运行速率为 250MHz。可编程流水线结构以及 48 位内部总线有利于实现两级 DSP48A1 的级联特性，并且增强其功能。本设计主要采用该模块实现乘法功能，将 24 位的数据预先拆分为 2 个 12 位数据分别进行计算以适应 18 位乘法器特性。

DFT 的硬件测试如图 3.12 所示，实验中所需硬件配置如下：Xilinx Spartan-6 系统板、Xilinx 的 JTAG 仿真器、24 位 AD 电路 AK5393、信号放大控制板、电源管理板以及 Agilent 示波器；所需软件配置有 Xilinx ISE12.2 和 Chipscope pro Aanlyzer。

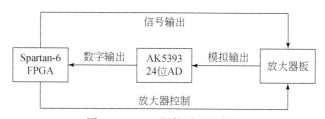

图 3.12　DFT 硬件测试示意图

首先，由 FPGA 控制产生一个方波信号；然后，将其输入放大器板对信号进行放大；随后，又通过 AD 采集，将数据传回 FPGA；最后，通过 FPGA 对采集到的信号数据作 DFT 处理，求出它所包含基频信号的幅频值与相频值，以此测试 DFT 算法程序在 FPGA 上实现的可行性以及 FPGA 的资源使用率情况。

测试中具体实现方式为：由 FPGA 产生一个 240Hz 的方波信号，经过简单的分压电路后信号进入放大器，AD 以 24kHz 采样率对输出的方波信号进行采集，将采集到的数据传入 FPGA，存入 RAM，当采集的序列长度达到 1000 点时，进行 DFT 计算。

信号采集过程中的关键是保证 AD 转换结果的正确与采样数据的同步，否则会造成信号的相位移动。

3.4 强干扰下微弱地面电磁信号处理

对于地面电磁信号检测而言，各种电磁干扰非常丰富。通常认为电磁干扰源包括自然干扰、人文干扰以及电子器件干扰。

自然干扰是指由空间自然环境产生的电磁干扰，主要有雷电电磁脉冲、天体噪声以及静电放电等。

人文干扰是指由电子设备等人为的装置产生的电磁干扰，主要有无线电噪声、电器设备噪声、电力设备噪声以及交通系统噪声等。

电子器件干扰是指测量仪器本身的器件产生的干扰，主要有器件由于温度变化产生的热噪声、$1/f$ 噪声以及 ADC 量化噪声等。

针对以上各种噪声，下面介绍一些对其进行抑制的方法。

3.4.1 环境随机干扰的同步叠加

叠加平均处理技术是一种理论相对较简单的消噪信号处理方法，它必须结合同步时钟来实现硬件电路的叠加滤波。

设输入信号 $f(t)$ 是有用信号和随机噪声的合成，可表示为

$$f(t) = s(t) + n(t) \qquad (3.31)$$

式中，$s(t)$ 为振幅恒定的周期信号；功率为 S；$n(t)$ 为随机噪声。

随机噪声服从高斯分布，其均值为零，方差为 σ^2，也称为高斯白噪声。根据高斯白噪声的性质可知此噪声的功率为 σ^2，即输入信号的信噪比为

$$\mathrm{SNR_{in}} = S/\sigma^2 \qquad (3.32)$$

进行 m 次叠加平均后，输出信号为

$$y(t) = \frac{1}{m}\sum_{k=1}^{m} f(tk + iT) = s(t) + \frac{\sigma}{\sqrt{m}} \qquad (3.33)$$

式中，T 为多点平均扫描时间间隔；$f(tk+iT)$ 为第 i 点的第 k 次采样值；σ 为噪声信号有效值。则输出信噪比为

$$\mathrm{SNR_{out}} = S/\left(\frac{1}{m}\sigma^2\right) = m\frac{S}{\sigma^2} \qquad (3.34)$$

可见，周期信号经过 m 次同步叠加后，信噪比提高为原来的 m 倍。如果叠加平均次数足够高，就可以从很强的干扰噪声背景中提取微弱的有用信号。图 3.13 为 CSAMT 法 FPGA 内部叠加平均滤波设计框图，即将采集的数据分为若干个数据块（Slice），每个 Slice 分为多个数据段（segment），对各个 Slice 中的 segment 进行叠加后，通过计算获得该 Slice 的幅度与相位信息，最后将所有 Slice 的计算结果进行叠加求平均后，获得最终的幅度与相位信息。

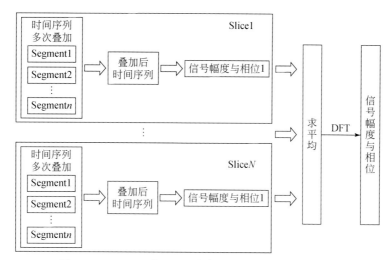

图 3.13　CSAMT 法 FPGA 内部叠加平均滤波设计框图

3.4.2　基于梳状滤波的工频干扰抑制

野外电磁信号的 50Hz 工频干扰非常大，必须对其进行抑制，消除工频要么在系统前端设计模拟滤波器，要么对 AD 输出的数字信号进行数字滤波，由于数字滤波器可以通过设计合理的滤波参数来实现高精度滤波的同时对信号损伤较小而被广泛应用。

数字滤波器分为 IIR 和 FIR 两大类。FIR 滤波器，可以得到严格的线性相位，但其传递函数极点是定在原点的，只能通过改变零点位置来改变性能，其阶数相对较高；IIR 滤波器存在反馈，可以设计极点，从而能够更加高效地完成滤波。相同设计指标下，FIR 滤波器的阶数是 IIR 滤波器的 5~10 倍，下面介绍基于 IIR 的数字梳状滤波器。

1. 数字梳状滤波器

数字滤波器在时间域的差分方程为

$$y_n = \sum_{k=0}^{M} a_k x_{n-k} + \sum_{j=1}^{N} b_j y_{n-j} \qquad (3.35)$$

对其进行 z 变换，得

$$\frac{Y(z)}{X(z)} = \frac{\sum_{k=0}^{M} a_k z^{-k}}{1 - \sum_{j=1}^{N} b_j z^{-j}} = \frac{a_0 + a_1 z^{-1} + a_2 z^{-2} + a_3 z^{-3} + \cdots + a_M z^{-M}}{1 - b_1 z^{-1} - b_2 z^{-2} - b_3 z^{-3} - \cdots - b_N z^{-N}} = \frac{\prod_{k=1}^{M} (z - z_k)}{\prod_{j=1}^{N} (z - z_j)} \qquad (3.36)$$

式中，z_k 和 z_j 分别为传递函数的零点和极点。

FIR 平滑滤波器可以对 50Hz 及其谐波进行滤除，但是对通带内信号损伤较大，如果在其每个零点的单位圆内加一个极点就能够减小这种影响，这样就得到了梳状滤波器。梳状滤波器使一个信号与它的延时信号叠加，从而产生相位抵消。梳状滤波器的频率响应由一系列规律分布的峰组成，看上去与梳子类似。

离散时间系统中的梳状滤波器满足下式：

$$\frac{Y(z)}{X(z)} = \frac{a_1 - a_2 z^{-D}}{1 - b z^{-D}} \tag{3.37}$$

D 为滤波器阶数，其幅度频率特性如图 3.14 所示。

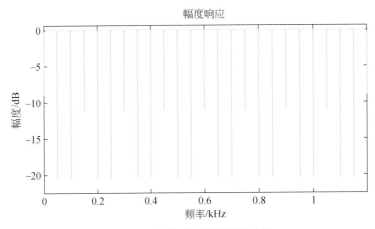

图 3.14　梳状滤波器的幅频特性

梳状滤波器结合了平滑滤波器和单点陷波器的特点，有如下几个优点：带内幅频响应平坦；能够滤除谐波；可以实现实时滤波，硬件简单易实现，且能够通过级联使得陷波频点衰减增大。

2. 50Hz 及其谐波数字梳状滤波器的 FPGA 实现

若信号采样率为 f_s，期望被滤除频率的基波频率为 f_0，梳状滤波器的阶数 D，则有

$$f_s = D \cdot f_0 \tag{3.38}$$

单级梳状滤波器对干扰信号的衰减率很有限，大部分情况下不能满足实际滤波需求，可以通过两组滤波器级联的方式来加大对干扰信号的衰减率，即

$$\frac{Y(z)}{X(z)} = \frac{a_{11} - a_{12} \cdot z^{-D}}{1 - b_{21} \cdot z^{-D}} \cdot \frac{a_{21} - a_{22} \cdot z^{-D}}{1 - b_{22} \cdot z^{-D}} = \frac{a_1 - a_2 \cdot z^{-D} - a_3 \cdot z^{-2D}}{1 - b_2 \cdot z^{-D} - b_3 \cdot z^{-2D}} \tag{3.39}$$

对应的时间域的差分方程为

$$y(n) = a_2 \cdot y(n-D) + a_3 \cdot y(n-2D) + b_1 \cdot x(n) + b_2 \cdot x(n-D) + b_3 \cdot x(n-sD) \tag{3.40}$$

式中的系数已经把式（3.39）中的系数符号并入。式（3.40）中的系数可以由 Matlab 求得，经过对比数值精度分析，将系数量化为 20 位整数，为使得滤波器对信号的带通频率范围内放大倍数为 1，滤波器计算结果需要除以 2^{20}。

FPGA 实现该滤波器主要需要一个乘加器和一组数据缓冲区。利用 Xilinx 公司 FPGA 设计软件 ISE 中自带乘加器 IP Core 设计一个如图 3.15 所示结构的乘加器。

当 SUBTRACT=0 时，有

$$P = A \times B + C \tag{3.41}$$

图 3.15　FPGA 中乘加器结构

　　将前级的 P 和后级的 C 短接，则可以将上一次乘加结果输送给下一级计算。CE＝1时，允许乘加器工作，SCLR＝1 表示乘加器同步清零控制，正常计算时应该为 0，乘加器的 CLK 接入系统总时钟。PCIN、PCOUT 为多个乘加累加时使用，单个乘加器只要悬空即可。A 设计为实际数据宽度 24 位，B 设计为式（3.39）中的系数宽度 20 位，为了级联计算的需求，留有一定的裕度，将 P、C 的位宽设计为 72 位。

　　设采样率为 2.4kHz，那么由式（3.37）可知梳状滤波器的阶数 $D＝48$，再根据式（3.39）可以利用图 3.15 所示的 FPGA 中的乘加器来实现梳状滤波器的计算，具体的实现过程如图 3.16 所示。

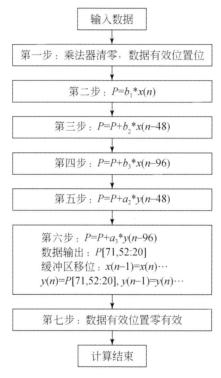

图 3.16　梳状滤波器的实现过程

3. 50Hz 及其谐波数字梳状滤波器的野外测试

　　在野外现场测试中，将仪器设置成 MT 测量模式，进行 2 次测量作业，分别是使用梳状滤波器和未使用梳状滤波器条件下的测量作为对比。

　　从测量结果看，野外电磁信号中含有非常强的 50Hz 频率及其谐波干扰，如图 3.17（a）所示，其幅度超过背景幅度 2～4 个数量级水平。梳状滤波器的使用有效地抑制了50Hz 频率及其谐波干扰，使其接近背景幅度水平或低于背景幅度水平 2 个数量级。野外测试结果表明采样梳状滤波器可以有效滤除 50Hz 频率及其谐波干扰。

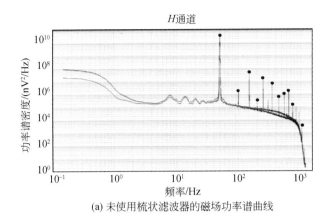

(a) 未使用梳状滤波器的磁场功率谱曲线

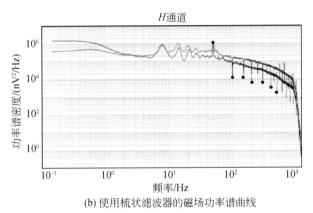

(b) 使用梳状滤波器的磁场功率谱曲线

图 3.17　梳状滤波器的野外使用效果

3.4.3　尖峰干扰抑制

尖峰噪声，也称奇异噪声、脉冲噪声，其分布和幅度具有偶然性和随机性，不能利用噪声的频率特性进行滤除，对奇异噪声的抑制通常采用叠加、小波分析、平滑滤波等方法，但对于地面电磁信号而言，其效果就不是很明显。

地面电磁信号中的奇异干扰源包括：大气噪声干扰（如雷电产生的火花放电）、太阳噪声干扰（如太阳黑子的辐射）、工业设备（如高频电焊机等）、电力设备（如电机设备等）。

尖峰噪声通常可以用单位冲激函数来进行描述，对于此类噪声通常可以采用 α-trimmed 均值滤波器来滤除。α-trimmed 均值滤波器是一种介于均值滤波器和中值滤波器之间的滤波器，这三种滤波器的共同特征是都需要选择一个窗口，根据相邻信号之间的相关性，做出三种不同的操作，从而产生三种不同的滤波效果。α-trimmed 均值滤波器算法如图 3.18 所示。

针对 α 值的大小来剔除元素的个数。α 值必须为偶数，剔除的元素必须为排好序之后的两端值。对剔除之后的数据进行均值运算，所得到的值就是滤波之后的结果。由于在实

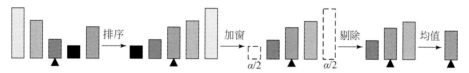

图 3.18　α-trimmed 均值滤波器原理与流程

际操作中，窗口大小一般都大于 1，所以在使用 α-trimmed 均值滤波器计算的时候，信号序列开始和结束的几个元素都无法进行符合窗口大小元素的选取。所以在运用滤波运算之前都要在信号头尾添加长度为窗口大小一半的附加信号，通常以开头和结尾几个元素以对称形式添加，如图 3.19 所示。

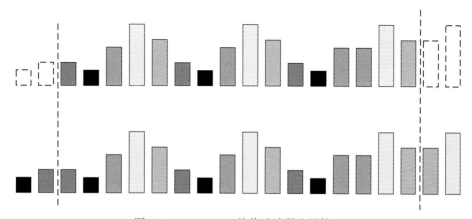

图 3.19　α-trimmed 均值滤波器边界算法

利用图 3.19 所示的边界算法获得一个窗口的数据，然后再按照图 3.18 所示的 α-trimmed 均值滤波器算法对尖峰干扰进行滤波，滤波效果如图 3.20 所示。

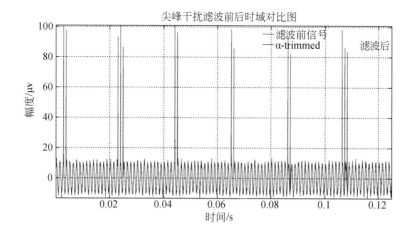

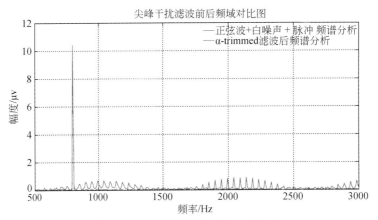

图 3.20　α-trimmed 均值滤波器效果

3.4.4　低频 $1/f$ 噪声抑制

电子系统的噪声有热噪声、闪烁噪声（$1/f$ 噪声）以及散粒噪声。本节分析 $1/f$ 噪声的抑制问题。

利用开关器件或半导体器件将输入信号调制到高频信号，调制过程需满足占空比接近 100%，以保证信号的完整性。斩波技术应用于低频小信号检测系统的主要目的是可以解决滤除 $1/f$ 噪声，抑制放大器的噪声及消除放大器输入失调电压带来的非线性关系。采用斩波技术滤除 $1/f$ 噪声原理框图如图 3.21 所示。

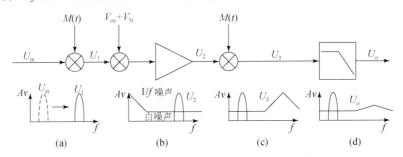

图 3.21　基于斩波技术的 $1/f$ 噪声消除原理框图

（a）U_{in} 被 $M(t)$ 调制成 U_1；（b）放大器引入各种噪声；（c）信号二次调制；（d）滤除 $1/f$ 噪声

信号 U_{in} 经过第一个乘法器与开关桥 $M(t)$ 相乘，其中 $M(t)$ 可以描述为

$$M(t) = \begin{cases} 1, & nT < t < \left(n + \dfrac{1}{2}\right)T \\ -1, & \left(n + \dfrac{1}{2}\right)T < t < (n+1)T \end{cases} \tag{3.42}$$

其中，n 表示周期数。$M(t)$ 的傅里叶级数为

$$M(t) = 2 \cdot \sum_{k=1}^{\infty} \frac{\sin\left(\dfrac{k\pi}{2}\right)}{\dfrac{k\pi}{2}} \cdot \cos\left(\frac{2\pi kt}{T}\right) \tag{3.43}$$

其中，$k = 1$，3，5，7，$\cdots$。从而得到调制信号 U_1

$$U_1 = U_{in} \times M(t) = U_{in} \times 2 \sum_{k=1}^{\infty} \frac{\sin\left(\frac{k\pi}{2}\right)}{\frac{k\pi}{2}} \cdot \cos\left(\frac{2\pi kt}{T}\right) \tag{3.44}$$

信号 U_{in} 被调制到 $M(t)$ 斩波信号的奇次谐波上，经过放大器放大后，信号连同放大器的噪声和失调电压一起被放大，得到信号 U_2

$$U_2 = A(U_1 + V_{os} + V_N) \tag{3.45}$$

信号 U_2 再经过一次 $M(t)$ 调制获得 U_3。由于 $M(t) \times M(t) = 1$，所以可以得到 U_3

$$U_3 = A\left[U_{in} \times M(t) + V_{os} + V_N\right] \times M(t) = AU_{in} + A(V_{os} + V_N) \times M(t) \tag{3.46}$$

可见，信号可以实现不失真地放大 A 倍，低频噪声以及失调噪声等被调制到高频段，经过低通滤波器即可把这些噪声滤除。

3.5 采集站性能测试与野外实验

SEP 系统集成部件主要有自主研制的 DRU 多通道接收机采集站、电场传感器、数据处理软件，以及北京工业大学研制的发射机，中国科学院电子学研究所研制的感应式磁传感器。在 SEP 项目组的组织下，使用 SEP 系统在国内多个地区进行了性能对比测试及应用示范试验。参与性能对比测试及应用示范试验对比的国外仪器主要为加拿大凤凰公司MTU5A、V8 等仪器系统。图 3.22 所示为 DRU 采集站的实物外观及相关配件。

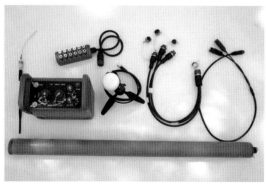

图 3.22 DRU 采集站的实物外观及相关配件

DRU 多通道接收机的主要技术特点有：

①通道数目多，单机 12 通道；软硬件均采用模块化设计，通道数目从 1 到 12 道可自由选择，维护升级方便；可配置成不同的观测装置形式，独特的张量观测方式一次可完成 6 个测点，标量测量时一次可完成 9 个测点；②基于嵌入式微处理器的硬件平台，丰富的叠加、滤波等数字信号实时处理功能，有效提高数据质量；③支持全波形时间序列记录和存储，信息丰富，便于用户进行后续处理；④仪器采用 GPS 同步采集方式，通道数目无限扩展，可实现三维电磁观测；⑤每台接收机可作为主机单独工作，也可在三维电磁观测中作为子机使用；⑥采用 WIFI 网络通信，野外现场可通过手持设备实时查看测量结果，及时发现测量问题；⑦完善的自检测和自标定功能，开机自动检测采集通道和电磁场传感器连接状态，能够对采集通道和磁传感器进行标定，消除仪器测量误差；⑧野外操控简便，开机可从 SD 卡中读取测量任务并自动运行，并根据时间设定进行不同测量模式的自动切换；⑨仪器自身无显示屏设计，具有低功耗，野外运输方便等优点；⑩高强度铝合金外壳，体积小、重量轻、散热性好、坚固耐用。

DRU 多通道接收机的性能指标如表 3.1 所示。

表 3.1　DRU 接收机性能指标

技术指标	DRU
通道数目	单机 12 通道（3 个磁通道、9 个电通道，可定制）
方法功能	人工源（CSAMT、WEM）和天然源（MT、AMT）数据采集功能
频率范围	DC-10kHz
采样频率	24000Hz，可通过软件降采样；12 通道同时连续记录时最高 2400Hz
增益	0.25、1、4、16
滤波器	LPF：10kHz；可选的 HPF：2Hz；可选的工频及其谐波滤波器
供电电压	DC 12V
A/D 分辨率	24 位
动态范围	>130dB
输入阻抗	>10MΩ
输入噪声	$40nV/\sqrt{Hz}$ @1Hz
输入范围	±10V（电道和磁道相同）
存储容量	32GB SD 卡
同步精度	GPS 钟：UTC±25ns；内部晶振：<±5×10^{-9}
指示功能	开/关机、GPS 同步、采集、故障等
检测功能	开机自动检测仪器状态、传感器连接状态、电池电压等参数
尺寸	250mm×220mm×125mm，高强度铝合金外壳，防水、防尘、防震
重量	4.6kg
工作温度	−35℃ ~ +50℃
功耗	12 通道同时工作时功耗不大于 12W

DRU 多通道接收机通过手持设备可现场监测仪器工作状态、参数设置情况、各通道直流电位、交流电位、时间序列及频谱；人工源方法工作时可显示电场强度、磁感应强

度、视电阻率、阻抗相位及其误差等测量结果。

通过实验室性能测试、一致性测试、与国外仪器比对测试、应用示范等流程与研发步骤，验证了自主研制接收机的可靠性、稳定性、一致性，性能指标与国际同类产品相当。

3.5.1　一致性测试

1. 通道一致性

研发的接收机，首先在实验室进行了通道标定，12 个通道一致性测试曲线如图 3.23 所示，可以看出曲线高度重合，说明在室内环境下仪器通道一致性非常好。

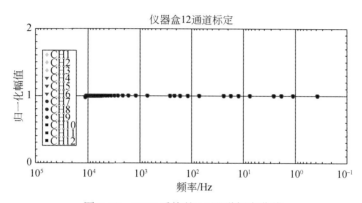

图 3.23　DRU 系统的 12 通道标定曲线

2013 年 1 月在北京市大兴区与河北省固安市交界的永定河堤进行了野外一致性测试。由于 CSAMT 方法测量时有 9 个通道同时采集电场信号，因此主要针对接收机的 CSAMT 功能进行通道一致性测试。收发距约 7km，发射极距为 1.5km。接收区内布设多条测线，多台仪器同时进行接收，进行仪器通道一致性测试。测线方位角为 0°，点距 20m，工作频率是 0.1 ~ 9600Hz。每台接收机 9 个电通道接同一对电极，即测量同一信号。图 3.24 给出了某个测点上的测试结果。从曲线可以看出，9 个电通道的电场幅值曲线、磁场幅值曲线、视电阻率曲线、阻抗相位曲线完全重合，在野外验证了接收机各通道一致性较好。

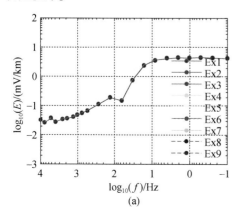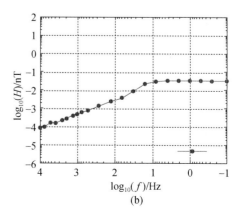

(a)　　　　　　　　　　　　　　(b)

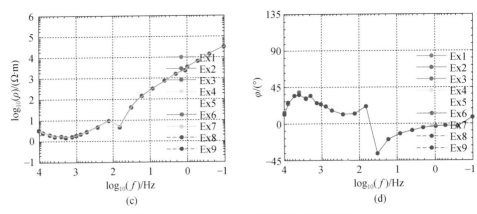

(c)　　　　　　　　　　　　　　　　　(d)

图 3.24　Line01-10m 电场通道一致性测试

（a）Line01-10m-电场幅值；（b）Line01-10m-磁场幅值；（c）Line01-10m-视电阻率；（d）Line01-10m-阻抗相位

2. 仪器重复性测试

2013 年 3 月在北京市大兴区与河北省固安市交界的永定河堤进行了 CSAMT 法多次重复测试，旨在验证接收机的稳定性。图 3.25 为同一地点先后两次测量结果的比对曲线。可以看出，四组曲线完全重合，说明仪器的重复性较好。

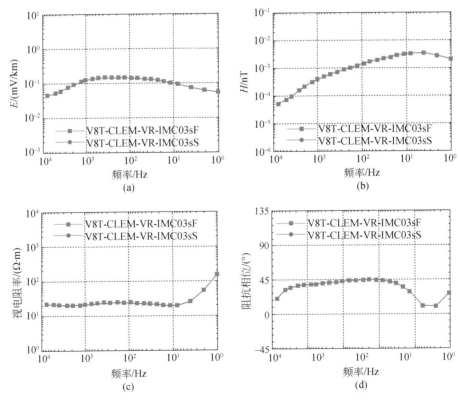

图 3.25　Line02-10m 测点 DRU 接收机 CSAMT 法两次测量结果

（a）Line02-Site10m-电场幅值；（b）Line02-Site10m-磁场幅值；（c）Line02-Site10m-常见电阻率；（d）Line02-Site10m-阻抗相应

3. 仪器一致性测试

2013 年 4 月在河北省张北市利用自主研制的三台接收机在同一测点进行了 MT 测量比对。图 3.26 为同一测点上三台接收机同时进行 MT 数据采集时获得的视电阻率（xy 方向的视电阻率表示为 ρ_{xy}，yx 方向视电阻率表示为 ρ_{yx}）与阻抗相位（xy 方向的阻抗相位表示为 φ_{xy}，yx 方向阻抗相位表示为 φ_{yx}）比对曲线。三组曲线平滑且吻合，表明各接收机之间一致性较好。

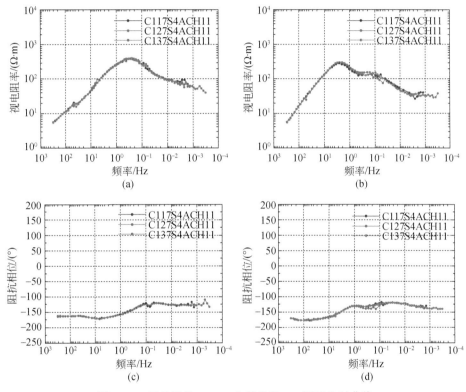

图 3.26　河北张北 DRU 3 台接收机 MT 测量比对曲线

（a）ρ_{xy}；（b）φ_{xy}；（c）ρ_{yx}；（d）φ_{yx}

3.5.2　与国外仪器的对比测试

1. CSAMT 对比测试

通过仪器自身一致性、稳定性检测后，配合课题组进行了 SEP 系统集成，并在多个地区进行了野外实际探测试验，以及和国外先进仪器类比试验。野外测试按中华人民共和国地质矿产行业标准 DZ/T 0173—1997《大地电磁测深法技术规程》和中华人民共和国石油天然气行业标准 SY/T 5772—2002《可控源声频大地电磁法勘探技术规程》要求进行。

以辽宁省兴城市的测试结果为例进行说明。2013 年 5 月在辽宁兴城使用自主研制的

SEP 仪器系统和 V8 仪器系统同时进行了 4 条测线的 CSAMT 数据采集。收发距 13.5km，线距 50m，点距 20m，每条测线长 1.8km，共计完成了 360 个测深点。工作频率范围为 0.125 ~ 8192Hz。图 3.27 给出了某个测点上用 V8 发射机发射，同时用自主研制仪器系统和 V8 仪器系统采集获得的比对曲线（电场幅值曲线、磁场幅值曲线、视电阻率曲线、阻抗相位曲线），红色曲线为 SEP 仪器结果，蓝色为 V8 系统结果。

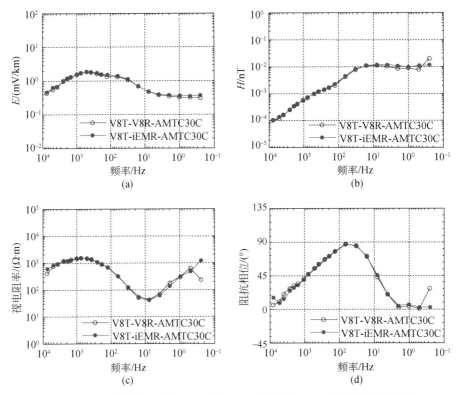

图 3.27　辽宁兴城 L1 线 1390m 测点 V8 接收机与 DRU 接收机比对曲线
（a）L1-site1390m-电场幅值对比；（b）L1-site1390m-磁场幅值对比；
（c）L1-site1390m-视电阻率对比；（d）L1-site1390m-阻抗相位对比

从图 3.27 可以看出，除了最低频点，两组仪器在其他频点上获得的数据基本吻合。上述比对结果表明自主研制的多通道接收机 CSAMT 功能正常，能获得稳定、可靠的数据，且性能已经赶上了国际同类先进产品的水平。

2. MT 对比测试

2013 年 6 月在河北省张北市 SEP 系统与 V8 系统进行了 MT 法对比测试，旨在测试仪器系统的 MT 方法功能。图 3.28 给出了某测点上两组仪器系统获得的比对曲线，红色曲线为 SEP 仪器结果，蓝色为 V8 系统结果。可以看出两套系统在两个方向视电阻率与阻抗相位曲线基本重合。测试结果表明，SEP 仪器系统 MT 功能正常，可获得低至几百秒的有效可靠数据，性能也与国际同类先进产品性能相当。

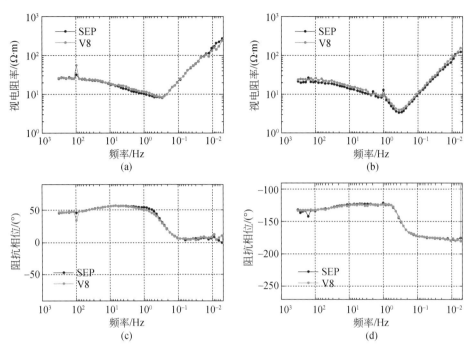

图 3.28　河北张北 SEP 系统与 V8 系统 MT 法比对曲线

（a）ρ_{xy} 对比；（b）ρ_{yx} 对比；（c）φ_{xy} 对比；（d）φ_{yx} 对比

参 考 文 献

底青云，方广有，张一鸣．2012．地面电磁探测系统（SEP）与国外仪器探测对比．地质学报，87
　（Suppl）：201～203

底青云，方广有，张一鸣．2013．地面电磁探测（SEP）系统研究．地球物理学报，56（11）：3629～3639

冈村迪夫．2004．OP 放大电路设计．北京：科学出版社

高晋占．2011．微弱信号检测．北京：清华大学出版社

胡广书．2003．数字信号处理：理论，算法与实现．北京：清华大学出版社

康华光．1998．电子技术基础（模拟篇）．北京：高等教育出版社

李金平．1997．模拟电路实用知识讲座．电子世界，11：28～33

铃木雅臣．2003．高低频电路设计与制作．北京：科学出版社

刘国福．2014．微弱信号检测技术．北京：机械工业出版社

娄源清，李伟．1994．大地电磁测量中的奇异干扰抑制问题．地球物理学报，37（1）：493～500

赛尔吉欧·佛朗哥．2010．基于运算放大器和模拟集成电路的电路设计．西安：西安交通大学出版社

森荣二．2005．LC 滤波器设计与制作．北京：清华大学出版社

松井邦彦．2012．OP 放大器应用技巧 100 例．北京：科学出版社

孙洁，晋光文，白登海，等．2000．大地电磁测深资料的噪声干扰．物探与化探，24（2）：119～127

瓦塞．2007．现代数字信号处理与噪音降低．北京：电子工业出版社

王中兴，荣亮亮，林君．2009．地面核磁共振找水信号中的奇异干扰抑制．吉林大学学报工学版，39
　（05）：1282～1287

俞一彪，孙兵．2005．数字信号处理–理论与应用．南京：东南大学出版社

郑君里．1978．信号与系统．北京：高等教育出版社

郑君里，应启珩，杨为理．2003．信号与系统．北京：高等教育出版社

Art Kay. 2013. 运算放大器噪声优化手册．北京：人民邮电出版社

Frenzel L E. 2012. 电子学必知必会．北京：人民邮电出版社

Oppenheim A V, Schafer R W, Buck J R. 1999. Discrete-time signal processing. Upper Saddle River：
　　Prentice Hall

Ott H W. 2003. 电子系统中噪声的抑制与衰减技术．北京：电子工业出版社

Petiau G. 2000. Second generation of lead-lead chloride electrodes for geophysical applications. Pure and Applied
　　Geophysics，157（200）：357~382

Smith S W. 2003. Digital signal processing：a practical guide for engineers and scientists. California：Newnes

第 4 章　电场传感器

地面电极是接收大地电场信号的传感器，是接地电法测量中必不可少的关键部件。地面电极的温度系数、极化程度等特性直接影响接收电场的信号质量，尤其是对应用于深部构造探测的长周期大地电磁测深，以及地震长期监测的大地电磁法的影响不容忽视。随着三维大规模电磁法勘探的逐渐开展，野外施工对温度系数小、极化程度低、稳定时间长、噪声低的地面电极需求越来越迫切。

目前电法勘探中使用的测量电极主要分为三类：金属电极类、石墨电极类和不极化电极类。金属电极类由于其极化电位大，接收电场的质量较差，不适用于进行高精度的电场测量；石墨电极类是一种非金属电子导体，适用于海洋中进行大地电场的测量；不极化电极类的极化电位小，稳定性高，已经广泛应用于大地电场的测量中。

下面将对勘探电极传感器的发展历程、地面电极的工作原理、结构设计以及对其输出信号的调理电路逐一进行介绍。

4.1　勘探电场传感器的发展历程

从 1835 年首先用自然电场法发现了硫化矿床开始，到 1893 年后建立的电阻率法，勘探电极传感器都以金属电极为主，1880 年，卡尔巴努斯首次采用不极化电极在美国内华达州柯姆斯托克矿脉上作过试验，但此后几十年里，电法勘探中仍以金属电极为主。

1937 年，苏联科学家谢苗诺夫发明的铜-硫酸铜（Cu-CuSO$_4$）电极是世界上用得最广的不极化电极。20 世纪 70 年代以来，法国、美国、德国、加拿大等国家投入了大量的资金和人力，相继研制出银-氯化银（Ag-AgCl）、镉-氯化镉（Cd-CdCl$_2$）、甘汞（Hg-Hg$_2$Cl$_2$）电极。这类电极和硫酸铜电极一样，都是用金属棒（丝）和该金属的盐溶液与多孔陶瓷罐所构成的"液体"不极化电极，电极极差一致性不易保证，需经常配液、装液、测极差配对，寿命短，不能用于长期观测。1977 年，法国科学家成功研制出第一代铅-氯化铅（Pb-PbCl$_2$）电极，并且对不同的不极化电极进行了长期对比观测，证实 Pb-PbCl$_2$ 电极具有极差小、温度系数低、噪声小、稳定时间长等优良特性，性能优于其他同类不极化电极。20 世纪 90 年代，法国科学家 Gilbert Petiau 对铅-氯化铅电极配方、结构等方面进行了深入研究，并研制出性能优越的不极化电极，称为第二代 Pb-PbCl$_2$ 不极化电极。

1993 年，中国地震局分析预报中心钱家栋教授将法国的铅-氯化铅电极引入我国，并用于兰州观象台取代铅电极进行电阻率观测和在甘肃天祝开展大地电场试验观测研究，取得了很好的效果。1997 年，中国地震局兰州地震研究所研制出 Pb-PbCl$_2$ 电极，电解质为固体，一次装配可长期使用，称为固体不极化电极。极差电位小于 1.0mV，内阻小于 500Ω，24 小时稳定性小于 0.1mV。2002 年，中国地质大学邓明教授等研究了海底电极材料的选择、电极的制作工艺、承压与密封技术、海水运动对测量产生不利影响的克服办法、水下弱信号传输的抗干扰等问题。2003 年，重庆大学的苗燕采用粉末压片法制备了 Ag-AgCl 电极，长期海水浸泡电极电位漂移为±0.5mV。2004 年，吉林大学的翁爱华教授等设计了一种杆状不极化电极，在金属骨架的下部外侧粘接固体不极化电极体，测量电极一端固结在该固体不极化电极体中，另一端通过导线连接在接收测量仪器中。2006 年，向斌等通过实验发现，固相法粉末制备的 Ag-AgCl 电极其浸泡稳定性好，电位波动在 2mV 以内，海水流动对电极电位影响小。2007 年，海军工程大学张燕等通过电解法制备了 Ag-AgCl 参比探头，考察了其在 0.1mol/L KCl 溶液和人造海水中的电极电位稳定性。针对电解型 Ag-AgCl 电极寿命有限的特点，自制了盐桥，并研究了电极性能。2009 年，中国地质大学的王辉等为了满足长周期大地电磁测深对电极稳定时间长的要求，从铅丝固定、增加导电通道、接地媒介材料等方面对 Pb-PbCl$_2$ 不极化电极结构进行了改进。2010 年，西安电子科技大学黄芳丽、曹全喜等研制了 Ag-AgCl 全固态电极，可以直接把它放入海水中，避免了液接电位的产生；进行了制作条件、影响电位稳定性因素、电极自噪声性能等方面的研究。2011 年，中国地震局地震预测研究所宋艳茹、席继楼等在分析不极化电极基本原理的基础上，研究了影响地电场测量电极工作稳定性的主要技术因素，采用 Pb-PbCl$_2$ 技术方案和可螺旋拆解的分体式结构，完成一种不极化电极的研究和试验。

　　上述研究，从不同方向不断改进电极，均取得了突出的成果。为实现地表浅部向地下深部勘探的跨越，以及从二维断面向三维立体探测的跨越，地球物理电磁法仪器正趋向于单道小极距采集系统的方向发展。通常电磁法测量极距在几十米，而对于几米，甚至 1m 的接收极距，电场信号将极其微弱（nV 级水平），对电场传感器测量精度与噪声要求非常高，目前所使用的不极化电极不能满足要求。研究一种极差稳定及其信号调理放大模块，实现测量精度高、噪声低的电极至关重要。

4.2　地面电极的原理与结构

　　无论是金属电极还是不极化电极，从测量原理上讲都是金属导体与电解质溶液的直接接触，由于溶解压的作用产生电子迁移和离子沉降，达到动态平衡以后，在导体和电解质之间形成双电层，产生相对稳定的接触电位，称之为极化电位。

　　不极化电极是将金属电极放置于含有同类金属离子的溶液中，可以通过控制溶液浓度来人为控制其极化电位，提高极化电位的稳定性，减少个体之间的差别。不极化电极具有噪声小、极差较稳定等优点，因此应用最为广泛。

　　实际工作中应用的不极化电极的工作原理为，参与观测的一对或一组电极的极化电位比较接近，理想状态下可以达到一致，则由此测量得到的极化电位差接近或达到零值，从而在总体效果上达到消除极化电位对观测信号影响的目的。

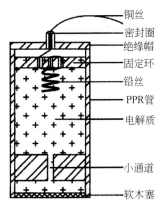

图 4.1　常见不极化电极结构图

铜丝
密封圈
绝缘帽
固定环
铅丝
PPR管
电解质

小通道

软木塞

　　常见不极化电极结构如图 4.1 所示。电极内部的固定环用来固定铅丝，防止电极在使用过程中铅丝晃动，导致极差不稳定。电极内部的小通道把电解质隔离成上下两部分，上部与铅丝接触，形成电极，下部与土壤接触，起导电作用。离子的扩散作用主要集中在下部泥浆与土壤之间，上部电解质中离子能够长时间保持饱和状态，延长电极极差的稳定时间。理论上通道越小，极差稳定时间越长，但是同时会增大电极的内阻，所以通道不宜太小。

目前不极化电极使用材料主要包括：铜－硫酸铜（Cu- CuSO$_4$）、银－氯化银（Ag-AgCl）、镉－氯化镉（Cd-CdCl$_2$）、甘汞（Hg-Hg$_2$Cl$_2$）、铅－氯化铅（Pb-PbCl$_2$）等。目前常见的铅－氯化铅（Pb-PbCl$_2$）不极化电极是将螺旋状铅丝棒放在盛有饱和 Pb-PbCl$_2$ 溶液的 PVC 材质罐状容器中，通过罐状容器底部的陶瓷片来渗透 Pb-PbCl$_2$ 溶液的离子，从而实现电极的导电作用。罐状容器顶部用密封圈和塑料帽进行密封，浸入溶液的铅丝通过与铜线连接将实现电信号的传递。这样的接地条件，可使电极的极化电位差减小到 1mV 以内，也减小了测量电极本身的极化电位。

4.3　地面电极的信号调理

在大地电磁法的实际应用中，电场信号往往比较微弱，电场传感器（不极化电极）是弱信号拾取的关键。放大器对信号具有放大作用，放大的同时也放大了噪声，噪声主要来源于电阻的热噪声和放大器本身的噪声，在有用信号和放大器噪声处在同一水平时，直接对信号放大，对于信号的检测就显得十分困难。特别是在低频时，由于放大器的噪声随着频率的降低而增大，直接对信号放大，有可能使得信号被噪声所淹没，此时的信噪比极低。

斩波放大器使用的是调制解调的原理，将在一个频段的有用信号和噪声分离即噪声被调至高频，从而使用滤波器将其分离出来。对信号放大同时放大了低频噪声，但是噪声在最后阶段是被滤除的，所以能够有效的放大信号。

斩波滤波器的相关理论在 3.4.4 节低频 1/f 噪声抑制中已经有详细介绍，这里就不再赘述。下面对斩波滤波器的调理电路进行详细介绍。

乘法器可以使用模拟开关和模拟乘法器，由于模拟乘法器本身噪声大，不适合在此应用，而且模拟开关的导通电阻小，断开电阻大，所以设计采用模拟开关 MAX4663。

从理论分析得到斩波放大器前级放大器的 1/f 噪声被有效滤除，但是斩波放大器前级白噪声无法消除，直接影响测量系统的信号质量，所以前级放大器的噪声越小越好。放大部分采用仪用差分放大器 AD620。

低通滤波器采用二阶的 LC 滤波器，阶数多的低通滤波频谱响应比较陡，高频信号下降很快，能够有效滤除斩波信号、放大器的失调电压和噪声等，电路如图 4.2 所示。

对设计的低频斩波放大器测试采用的是小信号，由信号源 Agilent 33522A 产生一个峰峰值为 1mVpp 频率可调的信号，经过衰减器衰减 1000 ~ 100000 倍，将此信号加到斩波放大器的输入端，斩波放大器的输出端接 Agilent 35670A 的第一通道。测试平台如图 4.3 所示。

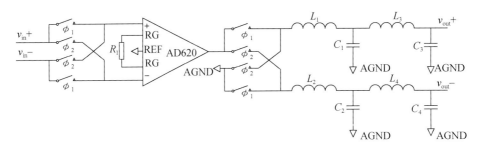

图 4.2　斩波滤波器电路

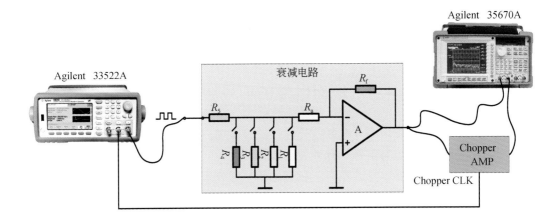

图 4.3　测试平台

实验分别测试了 10Hz，1Hz，0.1Hz 和 0.0625Hz 的信号，衰减幅度为 0.1μV 和 10nV。实验表明斩波放大器能有效识别 10nV 的信号。测试结果如图 4.4 所示。

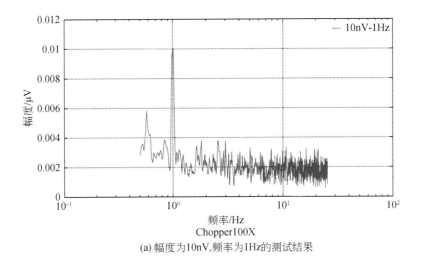

(a) 幅度为10nV,频率为1Hz的测试结果

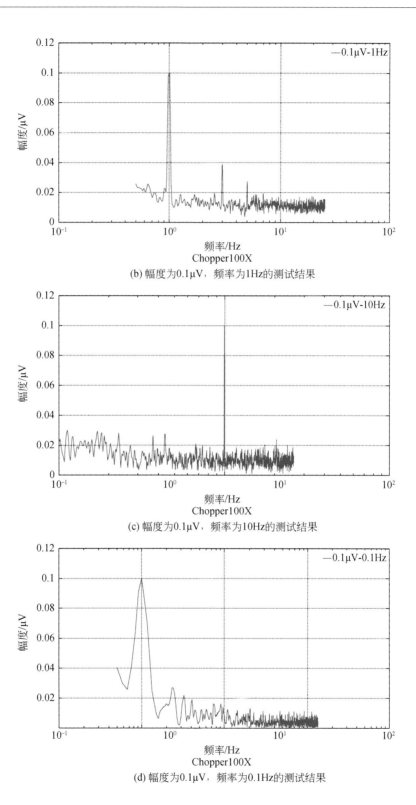

(b) 幅度为0.1μV，频率为1Hz的测试结果

(c) 幅度为0.1μV，频率为10Hz的测试结果

(d) 幅度为0.1μV，频率为0.1Hz的测试结果

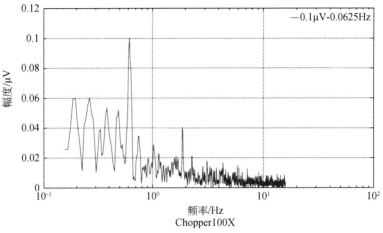

(e) 幅度为0.1μV，频率为0.0625Hz的测试结果

图 4.4　测试结果

参 考 文 献

邓明，刘志刚，白宜诚，等．2002．海底电场传感器原理及研制技术．地质与勘探，38（6）：43～47

何继善．2010．广域电磁法测深法研究．中南大学学报，26（3）：1065～1072

黄芳丽，曹全喜，卫云鸽，等．2010．Ag/AgCl 电极的制备及电化学性能．Electronic Sci & Tech，23（6）：29～34

姜振海，石航，史小平．2004．固体不极化电极现场实验研究．地震研究，27：57～62

李庆，张平，李琼，等．2011．地电场不同电极的对比实验研究．地震地磁观测与研究，32（6）：104～188

陆阳泉，梁子斌，刘建毅．1999．固体不极化电极的研制及其应用效果．物探与化探，23（1）：64～65

陆阳泉，梁子斌，刘建毅．1998．固体不极化电极的使用效果及其在地震监测预报中的应用前景．地震，18：21～26

陆阳泉，梁子斌．1998．国内外关于不极化电极研究的概括与进展．兰州：中国地震局兰州地震研究所，6：1～6

宋艳茹，席继楼，刘超，等．2011．一种 Pb-PbCl$_2$ 不极化电极试验研究．地震地磁观测与研究，32（6）：97～103

覃奇贤，刘淑兰．2008．电极的极化和极化曲线．电镀与精饰，30（7）：29～34

田山，郑文俊，张建新，等．2006．大地电场观测深埋铅电极测量系统试验．华北地震科学，24（1）：5～9

王辉，叶高峰，魏文博．2010．Pb-PbCl$_2$ 不极化电极的设计与实现．地震地磁观测与研究，31（3）：115～120

卫云鸽，曹全喜，黄云霞，等．2009．海洋电场传感器低噪声 Ag/AgCl 电极的制备及性能．华北地震科学，38：394～398

席继楼，邱颖，刘超，等．2008．电极极化电位对地电场观测影响研究．地震地磁观测与研究，29（6）：22～29

席继楼，赵家骝，王燕琼，等．2002．地电场观测技术研究，地震，22（2）：47～53

张燕, 王源升, 宋玉苏, 等. 2008. 海洋低频电场传感器敏感电极材料的选择. 海军工程大学学报, 20 (5): 84 ~ 88

张燕, 王源升, 宋玉苏. 2008. 纳米 AgCl 粉末制备高稳全固态 Ag/AgCl 电极. 武汉理工大学学报, 30 (9): 32 ~ 35

赵和云, 阮爱国, 梁子斌, 等. 1998. Pb-PbCl$_2$ 固体不极化电极在电场观测中的作用和效能. 地震, 18: 45 ~ 52

Kaufman A. 1978. Frequency and transient response of electromagnetic fields created by currents in confined conductors. Geophysics, 43: 1002 ~ 1010

Ward S H. Electrical electromagnetic and magnetotelluric methods. Geophysics, 1980, 9 (54): 1659–1666

第5章　磁场传感器

　　磁场传感器（简称磁传感器）是频率域电磁测深系统中的关键部件。磁传感器主要有感应式磁传感器、磁通门传感器以及超导磁传感器三种，本章首先讨论这三种磁传感器在国内外的发展历程，然后分别介绍它们的工作原理、设计以及相应的信号调理等。

5.1　磁传感器发展历程

　　国外用频率域电磁测深法（FEM）开展深部地球物理勘探工作始于 20 世纪 50 年代，欧美等主要的地球物理仪器公司，不断改进传感器的性能，并且在制造工艺、产品结构、磁性材料以及电子器件的选择上进行了大量研究。

　　我国在此方面开展工作较晚（20 世纪 70 年代），所用设备多数依赖进口。近年来，国内磁传感器的研制和生产水平也在逐步提高。

　　下面，分别介绍国内外 FEM 中常用的感应式磁传感器、磁通门传感器以及超导磁传感器的发展历程。

5.1.1　感应式磁传感器发展历程

　　目前，国外生产感应式磁传感器的公司主要有 Metronix、Pheonix、Zonge、KMS，其产品型号及指标如表 5.1 所示。

表 5.1　国外典型的感应式磁传感器部分技术指标

公司	型号	灵敏度	频带宽度	噪声水平
Metronix	MFS-06e	200mV/nT @ <4Hz 800mV/nT @ >4Hz	0.00025Hz ~ 10kHz	$1.1pT/\sqrt{Hz}$ @ 0.1Hz $0.11pT/\sqrt{Hz}$ @ 1Hz $0.02pT/\sqrt{Hz}$ @ 10Hz
Pheonix	MTC-80H	100mV/nT	0.0001 ~ 400Hz	$1.5pT/\sqrt{Hz}$ @ 0.1Hz $0.15pT/\sqrt{Hz}$ @ 1Hz $0.15pT/\sqrt{Hz}$ @ 10Hz
Zonge	ANT/5	100mV/nT	0.25Hz ~ 10kHz	$1.2pT/\sqrt{Hz}$ @ 1Hz $0.02pT/\sqrt{Hz}$ @ >60Hz
KMS	LEMI-120	200mV/nT	0.0001Hz ~ 1kHz	$\leqslant100pT/\sqrt{Hz}$ @ 0.001Hz $\leqslant10pT/\sqrt{Hz}$ @ 0.01Hz $\leqslant0.1pT/\sqrt{Hz}$ @ 1Hz $\leqslant0.01pT/\sqrt{Hz}$ @ 100Hz

在国内，1981 年河北省地质学院成功研制了 YDC-1 型音频谐振感应式磁传感器，灵敏度为 10mV/nT，频带宽度为 $8 \sim 3.7 \times 10^3$ Hz，但是由于采用了谐振方式，传感器的灵敏度受温度影响较大且磁场信号的测量具有选择性。1986 年航空工业部国营延光机械厂研制了 CGY-1A 型感应式磁传感器，灵敏度为 0.28mV/nT，频带宽度为 0.001 ~ 10Hz，传感器频带宽度范围较小，体积较大。2002 年西安庆安航空电气公司生产出 MC-01 型感应式磁传感器，低频灵敏度为 980mV/nT @1Hz，高频灵敏度为 100mV/nT@ 320Hz，频带宽度为 0.0005 ~ 320Hz。此后，国内单位如吉林大学、中南大学、中国地质科学院地球物理地球化学勘查研究所、中船重工集团 722 研究所、中国科学院电子学研究所以及中国科学院地质与地球物理研究所等单位相继研制出基于不同软磁性磁芯材料的宽频带感应式磁传感器。上述磁传感器的一些性能已经达到或接近国外水平，部分指标优于国外水平，不仅打破了国外在这一领域的垄断，而且提升了我国电磁探测装备自主研发的能力和水平。

5.1.2 磁通门传感器发展历程

磁通门传感器于 20 世纪 30 年代问世，并且很早就被应用到了地球物理和空间探测领域当中。在随后的几十年里，通过各国科学家对磁通门技术的进一步研究，该技术得到了不断的改进与完善。到了 20 世纪 60 年代，已经出现许多不同形状和结构的磁通门传感器，其中最具代表性的是环形磁芯磁通门传感器。

国外的磁通门传感器发展较早，在第二次世界大战期间就被应用于海底潜艇检测且灵敏度较高。20 世纪 50 年代，在空间探测中出现了磁通门传感器的应用。到了 20 世纪 80 年代，由美国宇航局发射的用于进行地磁探测的 MAGSAT 卫星，通过磁通门传感器获得了大量精度达到 6nT 的近地空间磁场数据。目前，国际上的磁通门传感器产品型号及具体指标如表 5.2 所示。

表 5.2 国外典型的磁通门传感器部分技术指标

公司	型号	测量范围	分辨力	噪声水平	温漂	线性误差
Bartington	Mag-03	±100000nT	0.01nT	<20pT/$\sqrt{\text{Hz}}$	<±0.6nT/℃	<0.0015%
Scintrex	FM-100B	±40000nT	0.4nT	<0.2nT/$\sqrt{\text{Hz}}$	<1nT/℃	<0.005%
Shimadzu	MB-162	±50000nT	0.01nT	<70pT/$\sqrt{\text{Hz}}$	<0.2nT/℃	<0.0014%
LCISR	LEMI-016	±65000nT	0.1nT	<0.2nT/$\sqrt{\text{Hz}}$	<±5nT/℃	<0.5%

我国从 20 世纪 50 年代起开始磁通门技术的研究，目前磁通门传感器已经被应用在航空磁测、卫星的姿态控制以及地质勘探等工作中，并且精度相对较高，但是由于在传感器研制方面受到磁芯材料以及制作工艺上的制约，在一些指标上与国外磁通门传感器相比略有差距。1990 年中国科学院地球物理研究所与芜湖市电子技术研究所联合研制的 CTM-302 型三分量磁通门传感器，其测量范围±70000nT，分辨力 0.1nT，噪声<0.07nT/$\sqrt{\text{Hz}}$，温漂<±1nT/℃是我国自主研发和生产的性能较完善的一种磁传感器，该磁力仪已在中国南极长城站地磁观测中连续正常工作多年。2005 年上海海事大学麦格韦尔磁电实验室研制出的麦格韦尔磁通门传感器采用三端式磁通门传感器结构，分辨力 0.5nT，温漂<±

0.5nT/℃，线性误差<0.1%，该种传感器在地球磁测、矿石勘探以及卫星姿态控制等领域得到了广泛应用。除此之外，还有中国科学院空间与应用研究中心生产的 SDM 型磁传感器、上海金磁科技有限公司生产的 μMag 系列磁通门传感器、中国地震局地球物理研究所生产的 DCM-1 型磁传感器、上海恒通磁电科技有限公司生产的 HT203 型磁通门传感器、北京航勘仪器厂生产的 FVM-400 型磁传感器以及北京地质仪器厂生产的 CGM-02D 型磁通门传感器等。这些由我国自主研制和生产的高性能磁通门传感器，它们的技术性能已经达到或者接近了国际同类磁传感器水平，并且已经在国内地磁台站以及地面电磁勘探中得到了广泛的应用。

5.1.3　超导磁传感器发展历程

国际上在 20 世纪 70 年代才开展对超导磁传感器的研究工作，随着近年来高温超导材料的研制成功，超导元件的工作温度大大提高，并且传感器制作的成本也相应降低。由于高温超导磁传感器具有对磁场测量的灵敏度高、频带范围宽以及低频响应好等特点，在地球物理深部电磁探测中被广泛应用。国外已经研发出性能优良的超导磁传感器，并在研究更为先进的高温超导全张量磁梯度测量系统。德国余利希研究中心研制的高温射频超导量子干涉器（RF SQUID），其性能在国际上处于领先地位，并且实现了小批量生产和商品化，在瞬变电磁法（TEM）及电磁信号测量等方面得到了应用。德国耶拿光子技术研究院利用其研制的高低温直流超导量子干涉器（DC SQUID）在航空磁测领域进行梯度测量。美国特瑞斯坦技术公司研制的高温 DC SQUID 可以同时测量地磁场三个分量的相对变化，并应用于大地电磁测深（MT）中。澳大利亚联邦科学与工业研究组织与澳大利亚勘探与矿业部以及五矿公司合作研制的高温 SQUID 已经用于地质调查和矿产普查。

国内研发高温超导磁传感器的科研机构相对较少，但是技术发展较快，如燕山大学和中国科学院物理学研究所联合研制的高温 DC SQUID 在国内达到领先水平；吉林大学研制的高温超导磁力仪分辨力较高，动态范围达到±855nT；除此之外，中国地质科学院地球物理地球化学勘查研究所、北京大学、中国科学院地质与地球物理研究所、中国计量科学研究院生产的高温超导弱磁测量传感器，具有高摆率、低噪声、高灵敏度、高稳定性及高抗干扰能力的特点。

5.1.4　地面电磁测深系统中的磁传感器

由中国科学院地质与地球物理研究所承担的"地面电磁探测（SEP）系统研制"项目，在国内多所高校与科研机构的共同努力下，研制出一套完整的地面电磁探测系统。

该系统的 MT 磁场传感器主要指标为：频率范围 1000s ~ 1kHz，噪声水平 2pT/$\sqrt{\text{Hz}}$@ 0.1Hz，0.2pT/$\sqrt{\text{Hz}}$ @ 1Hz，< 0.05pT/$\sqrt{\text{Hz}}$ @ 10Hz ~ 1kHz，灵敏度 50 ~ 500mV/nT；CSAMT 磁场传感器，频率范围 16s ~ 10kHz，噪声水平 1pT/$\sqrt{\text{Hz}}$@1Hz，0.1pT/$\sqrt{\text{Hz}}$ @ 10Hz，<0.01pT/$\sqrt{\text{Hz}}$@ >100Hz，灵敏度 100mV/nT。曾多次到野外实地进行磁场传感器与国外某知名品牌产品的对比测试。结果表明，自主研制的磁场传感器与国外同类产品技术水平相当。

本项目研制的磁通门传感器可探测 DC-10Hz 频率范围内的磁场，在 0.0001Hz 噪声谱

$<1\mathrm{nT}/\sqrt{\mathrm{Hz}}$，线性度$<0.003\%$，可以满足地面电磁法极低频磁场探测的需求。通过野外试验的比对，磁通门传感器和国外某知名品牌磁通门传感器相比性能相当。同时与感应式磁传感器的低频勘探结果进行比对，极低频的数据基本一致，可以利用磁通门传感器对极低频尤其是 1000s 以上的频段进行有效探测。

经过关键技术攻关，实现了高温 SQUID 核心器件的国产化，芯片噪声低；研制的基于磁通调制技术的高温 SQUID 与国外商业化产品相比，噪声水平优势明显，白噪声可达$90\mathrm{fT}/\sqrt{\mathrm{Hz}}$，转换系数为 $7.5\mathrm{nT}/\varPhi_0$，带宽近 DC～14kHz，性能达到国际先进水平。在野外应用研究中获取了初步数据，效果较好，为磁场传感器应用于地球物理研究奠定了坚实的基础。

5.2 感应式磁传感器的研制

5.2.1 感应式磁传感器原理

感应式磁传感器的设计是基于法拉第电磁感应定律，即线圈输出电压和穿过线圈磁通量的变化率成正比。这一理论基础决定了感应式磁场传感器主要应用于测试交变磁场，对于直流磁场，可以通过旋转感应式磁场传感器来测试，但并不常见。

感应式磁传感器电压输出为

$$e(t)=\frac{\mathrm{d}\phi}{\mathrm{d}t}=-\mu_{\mathrm{app}}NS\frac{\mathrm{d}B}{\mathrm{d}t} \tag{5.1}$$

式中，$e(t)$ 表示线圈的感应电压；ϕ 表示通过感应线圈的磁通量；N 表示感应线圈匝数；S 表示通过线圈磁通量的截面积；μ_{app} 表示磁芯的有效磁导率。

当测量磁场波形为正弦波时，式（5.1）所对应的频域响应为

$$e(\omega)=-\mathrm{j}\omega\mu_{\mathrm{app}}NSB \tag{5.2}$$

由于感应线圈输出电压幅度有限，且可用频带范围被限制在线圈的谐振频率以下，例如，应用于 MT 方法的感应式磁场传感器，其工作频率通常情况下从 0.001Hz～1kHz，因此需要采用补偿的方式来保证工作频带。在早期的感应式磁场传感器制作当中，主要以电路补偿的方式来改变其幅频特性曲线，但是这种方式引入额外的噪声，导致传感器在某一频带范围内噪声水平增大、灵敏度降低，并且相频特性连续。

目前，感应式磁传感器制作主要采用了磁通负反馈技术，即将传感器最终输出量以物理量的方式直接反馈至被测磁场，既保证了带宽，又无额外噪声。其结构示意如图 5.1 所示。

图 5.1 中，测量磁场通过传感器的磁芯，感应线圈输出信号接入增益为 G 的低噪声前置放大

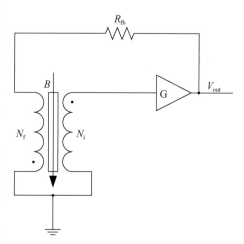

图 5.1 感应式磁传感器结构图

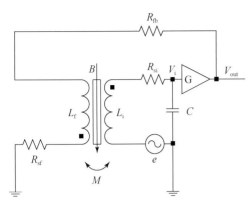

图 5.2 感应式磁传感器等效电路图

器，再将放大器的输出 V_{out} 通过串联一个反馈电阻 R_{fb} 和反馈线圈形成回路，其中反馈线圈和感应线圈的电流方向相反，匝数分别为 N_f 和 N_i。

基于磁通负反馈结构的感应式磁传感器等效电路如图 5.2 所示，主要包括感应线圈与反馈线圈。传感器感应线圈电路可等效为线圈电感 L_i 与电阻 R_{si} 串联，再与等效分布电容 C 并联。输入前置放大器的电压为 V_i。感应回路和反馈回路采用互感为 M 的变压器耦合。反馈线圈的电感为 L_f，电阻为 R_{sf}。若不考虑反馈线圈的影响，根据基尔霍夫电压定律，放大电路输入端电压为

$$V_i = \frac{1}{1-\omega^2 L_i C + j\omega R_{si}C}e \tag{5.3}$$

由于反馈线圈电感 L_f 为

$$L_f = \left(\frac{N_f}{N_i}\right)^2 L_i \tag{5.4}$$

感应线圈与反馈线圈属于紧耦合，因此互感系数为 1，感应线圈与反馈线圈的互感 M 为

$$M = \sqrt{L_i L_f} = \frac{N_f}{N_i}L_i \tag{5.5}$$

假设 $R_{fb} \gg j\omega L_f + R_{sf}$，则基于磁通负反馈结构的感应式磁场传感器输出电压 V_{out} 为

$$V_{out} = \frac{G}{1+j\omega R_{si}C - \omega^2 L_i C + \dfrac{j\omega MG}{R_{fb}}}e \tag{5.6}$$

把式（5.2）代入式（5.6）便得到传感器输出电压 V_{out} 与测量磁场 B 之间的传递函数，表示为

$$F = \frac{V_{out}}{B} = \frac{-j\omega\mu_{app}N_i SG}{1-\omega^2 L_i C + j\omega\left(R_{si}C + \dfrac{MG}{R_{fb}}\right)} \tag{5.7}$$

通常情况下，$R_{si}C \ll MG/R_{fb}$，所以在任何频段上均可以忽略其影响，则感应式磁场传感器在整个频带范围内的幅频特性与相频特性函数为

$$\begin{cases} |F(\omega)| = \dfrac{\omega\mu_{app}N_i SG}{\sqrt{\left(1-\omega^2 L_i C\right)^2 + \omega^2\left(\dfrac{MG}{R_{fb}}\right)^2}} \\ \varphi(\omega) = 90° - \arctan\dfrac{\omega MG}{R_{fb}(1-\omega^2 L_i C)} \end{cases} \tag{5.8}$$

对于低频部分，当 $f \ll f_0$ 时（f_0 为 F 的下截止频率），频率的二次方项可忽略，传感器输出与被测磁场的关系为

$$\begin{cases} \dfrac{V_{out}}{B} = \dfrac{-j\omega \mu_{app} N_i SG}{1+j\omega \dfrac{MG}{R_{fb}}} \\[3em] f_0 = \dfrac{R_{fb}}{2\pi MG} \end{cases} \tag{5.9}$$

对于高频部分，当 $f \gg f_1$ 时（f_1 为 F 的上截止频率），常数项可以忽略，因此传感器输出电压与被测磁场的关系为

$$\begin{cases} \dfrac{V_{out}}{B} = \dfrac{-j\mu_{app} N_i SG}{j\dfrac{MG}{R_{fb}} - \omega L_i C} \\[3em] f_1 = \dfrac{MG}{2\pi R_{fb} L_i C} \end{cases} \tag{5.10}$$

而对于 $f_0 \ll f \ll f_1$ 通带部分，以上所述两项均可忽略，该频带范围内的传感器输出电压与被测磁场的关系为

$$\frac{V_{out}}{B} = \frac{-\mu_{app} N_i S R_{fb}}{M} \tag{5.11}$$

从式（5.11）可以看出，在此频带范围内，基于磁通负反馈结构的感应式磁场传感器的灵敏度约为一个定值。因此，可以在较宽的频带范围内，通过改善影响传感器信号输出的某些参数，如有效磁导率、匝数等，实现传感器的高灵敏度线性输出。

5.2.2　感应式磁传感器设计

感应式磁传感器的设计包括线圈设计以及信号调理两个环节，下面对它们分别进行介绍。

1. 线圈设计

通常情况下，衡量磁芯磁材料性能的参数为相对磁导率（或称初始磁导率）μ_r。对于感应式磁场传感器，由于磁芯存在退磁场，故衡量磁芯性能的参数为有效磁导率 μ_{app}。一般来讲，感应式磁场传感器的磁芯材料为高磁导率的软磁材料，典型的材料有坡莫合金、非晶或纳米晶材料等。研究表明，圆柱形磁芯的有效磁导率可以通过公式精确计算。当磁芯的长径比 l/d（其中，l 为磁芯的长度，d 为磁芯截面直径）大于 10 时，磁芯的有效磁导率约为

$$\mu_{app} = \frac{\mu_r}{1+N_B(\mu_r-1)} \tag{5.12}$$

其中，N_B 是磁芯的退磁因子。N_B 可简化为

$$N_B = \frac{d^2}{l^2}\left(\ln\frac{2l}{d}-1\right) \tag{5.13}$$

可见，感应式磁传感器的感应电压与磁芯的有效磁导率 μ_{app} 和磁芯形状大小有密切的关系。磁芯的有效磁导率 μ_{app} 与长径比 l/d 以及磁芯材料本身的初始磁导率 μ_r 相关（奥汉德利，2002）。图 5.3 展示了磁芯有效磁导率与初始磁导率的关系。

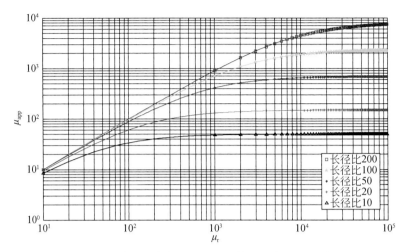

图 5.3　有效磁导率与长径比和初始磁导率之间的关系

从上图可以看出，对于固定的长径比，磁芯材料的有效磁导率会随着初始磁导率的增加而增加，但是当初始磁导率大于约 10000 以上时，对于各个长径比的磁芯，其有效磁导率则不再增加，而只由磁芯的长径比决定。磁芯材料的初始磁导率并不是个恒定的值，其会随着频率、温度的改变而改变。然而，当感应式磁场传感器的磁芯材料的初始磁导率选择大于 10000 时，其磁芯的有效磁导率不再受频率的约束，给感应式磁场传感器的稳定性带来保障。

一般来讲，为减小涡流效应，感应式磁场传感器的磁芯是由若干个高磁导率材料的长条形叠片叠到一起形成的，最终呈现棒状（图 5.4），这样磁芯叠片之间有空气间隙，对于整个棒状磁芯而言，铁磁材料占整个磁芯的百分比即为填充因子 η。

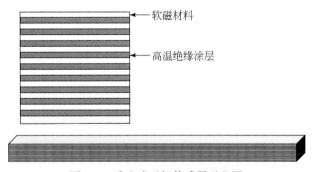

图 5.4　感应式磁场传感器磁芯图

假设磁芯的横截面为正方形，边长是 a，在忽略漏磁的情况下，则磁芯的有效横截面积即为通过线圈磁通量的截面积 S，表示为

$$S = a^2 \eta \tag{5.14}$$

将其等效为圆柱形棒状磁芯后，等效直径 d 为

$$d = 2a\sqrt{\dfrac{n}{\pi}} \tag{5.15}$$

然后，通过式（5.12）与（5.13）可计算出磁芯的有效磁导率。从理论上讲，长径比越大，传感器线圈感应到的电压越大，传感器的噪声水平越低，但这受到三方面的限制。第一，传感器整体的长度限制了磁芯的长度。第二，由于磁芯工艺所限，磁芯叠片的宽度不会太小，所以磁芯的截面积也不会很小。第三，磁芯是由软磁材料制作而成，当长径比过大，表面磁导率很大，磁芯容易被磁化饱和。一般磁芯长径比设计为 50～100，既可以聚集磁通，同时不易被磁化饱和，使其工作在 $B\text{-}H$ 曲线的线性区。

感应线圈采用精密漆包线绕制于磁芯的外侧，其中磁芯和线圈之间由工程塑料制作的磁芯套管隔开。传感器线圈可采用分段绕法或者准随机绕法，降低分布电容。反馈线圈方向和主线圈缠绕方向相反，均匀覆盖磁芯长度。

2. 信号调理

基于磁通负反馈结构的感应式磁场传感器弥补了电路补偿方法的不足，其原理是：被测交变磁场在传感器的感应线圈中产生感应电压，经放大滤波之后，通过反馈电路将信号的电压量转换为电流量施加到反馈线圈，形成与被测磁场方向相反的反馈磁场，从而将传感器形成一个闭环系统，原理图如图 5.5 所示。

由于传感器感应线圈输出的电压值与被测磁场的幅度和频率成正比，因此在测量不同频段的磁场信号时，对放大器的要求不同。对于被测磁场频率在几十赫兹以下的低频段测量，在设计低噪声放大电路时，主要考虑 $1/f$ 噪声的影响，如图 5.6 所示。

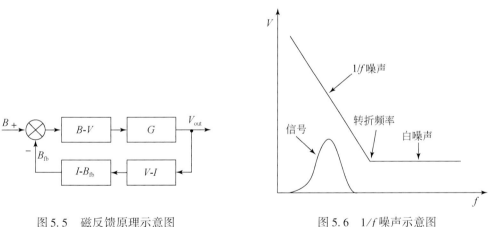

图 5.5　磁反馈原理示意图　　　　　　　　　图 5.6　$1/f$ 噪声示意图

$1/f$ 噪声随着信号频率的减小而增大。对于低频微弱信号需要用低频低噪声斩波放大器来处理。对于斩波放大器的原理及应用前面章节已经有了详细介绍，这里不再赘述。

感应式磁场传感器低频电路原理如图 5.7 所示。

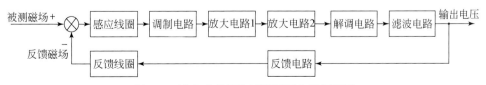

图 5.7　感应式磁场传感器低频电路原理图

对于高频段磁场测量，电路相对简单。该电路同样采用磁通负反馈结构，如图 5.8 所示。

图 5.8　感应式磁场传感器高频电路原理图

被测磁场通过感应线圈将磁场信号转化为电压信号，经放大滤波后，将得到的电压通过反馈电路转化成反馈磁场，与被测磁场相减得到净磁场，即形成磁通负反馈。其中，放大电路的放大倍数主要决定传感器高频段的通带宽度，提高传感器的灵敏度。滤波器主要限制放大电路的带宽，降低其噪声。

5.3　磁通门传感器的研制

5.3.1　磁通门传感器原理

磁通门传感器是利用法拉第电磁感应定律和软磁材料的周期性磁饱和现象来测量弱磁场的。在交流激励软磁材料的过程中，外部磁场使内部感应磁场信号发生畸变，形成一个二倍频波，它的大小与外部磁场成正比。二倍频波通过相敏解调后进而变成直流信号供后续数据采集提取。通常情况下，激励线圈有双棒形、跑道形、环形等几种构型，由于环形的对称性好，其灵敏度相对较高。本节主要以环形激励线圈结构对磁通门传感器的研制进行阐述。

磁通门传感器测量部件如图 5.9 所示。

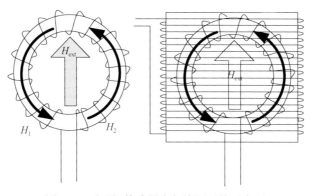

图 5.9　磁通门传感器内部线圈系统示意图

对于圆环型磁芯结构，通过磁路任意一处横截面的磁通量变化率是相等的。假设左右半环的激励磁场分别为

$$\begin{cases} H_1 = H_\mathrm{m}\sin\omega t \\ H_2 = -H_\mathrm{m}\sin\omega t \end{cases} \tag{5.16}$$

式中，H_m 表示激励磁场的最大幅值。若无外界磁场作用，通过感应线圈的总磁通量恒为零，那么感应线圈中不产生感应电压。当沿着感应线圈的轴向存在外磁场时，由于与激励磁场的叠加，破坏了磁化的对称性，此时左右半环的激励磁场分别为

$$\begin{cases} H_1 = H_x + H_\mathrm{m}\sin\omega t \\ H_2 = H_x - H_\mathrm{m}\sin\omega t \end{cases} \tag{5.17}$$

左右半环的磁感应强度表达式分别为

$$\begin{cases} B_1 = \mu_\mathrm{d} H_x + \mu_\mathrm{c} H_\mathrm{m}\sin\omega t \\ B_2 = \mu_\mathrm{d} H_x - \mu_\mathrm{c} H_\mathrm{m}\sin\omega t \end{cases} \tag{5.18}$$

式中，μ_d 表示磁芯对外磁场的有效磁导率；μ_c 表示磁芯材料的动态相对磁导率。为了方便分析，选用三折线模型进行计算，图 5.10 为实际磁滞回线与三折线模型对比图。

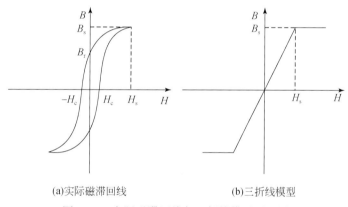

(a)实际磁滞回线　　　　　　　(b)三折线模型

图 5.10　实际磁滞回线与三折线模型对比图

图 5.10 中，H_s 表示饱和磁场强度，B_s 表示饱和磁感应强度，B_r 表示最大剩磁，H_c 表示矫顽力。图 5.11 分别给出了有无外磁场条件下，感应线圈的磁感应强度示意图。

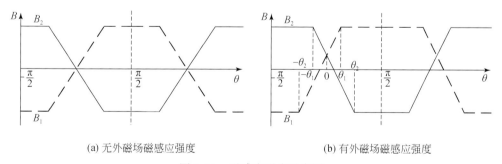

(a) 无外磁场磁感应强度　　　　　　　(b) 有外磁场磁感应强度

图 5.11　磁感应强度示意图

从图 5.11（b）可以看出，当激励磁场的相位 $\theta = \omega t$ 在区间 $[-\pi/2,\ \pi/2]$ 内，B_1 与 B_2 可用如下分段函数表示：

$$B_1 = \begin{cases} -B_s, & -\dfrac{\pi}{2} \leqslant \theta \leqslant -\theta_2 \\ \mu_d H_x + \mu_c H_m \sin\theta, & -\theta_2 \leqslant \theta \leqslant \theta_1 \\ B_s, & \theta_1 \leqslant \theta \leqslant \dfrac{\pi}{2} \end{cases} \tag{5.19}$$

$$B_2 = \begin{cases} B_s, & -\dfrac{\pi}{2} \leqslant \theta \leqslant -\theta_1 \\ \mu_d H_x - \mu_c H_m \sin\theta, & -\theta_1 \leqslant \theta \leqslant \theta_2 \\ -B_s, & \theta_2 \leqslant \theta \leqslant \dfrac{\pi}{2} \end{cases} \tag{5.20}$$

在无外磁场时，$\theta_1 = \theta_2$，即任意时刻磁感应强度 B_1 与 B_2 大小相等方向相反，感应线圈中磁通量无变化，对外不产生感应电压；在有外磁场时，$\theta_1 \neq \theta_2$，即相位在 $-\theta_2$ 至 θ_2 的区域内，感应线圈中有磁通量变化，因此产生感应电压，用函数表示为

$$B = \begin{cases} 0, & -\dfrac{\pi}{2} \leqslant \theta \leqslant -\theta_2 \\ B_s + \mu_d H_x + \mu_c H_m \sin\theta, & -\theta_2 \leqslant \theta \leqslant -\theta_1 \\ 2\mu_d H_x, & -\theta_1 \leqslant \theta \leqslant \theta_1 \\ B_s + \mu_d H_x - \mu_c H_m \sin\theta, & \theta_1 \leqslant \theta \leqslant \theta_2 \\ 0, & \theta_2 \leqslant \theta \leqslant \dfrac{\pi}{2} \end{cases} \tag{5.21}$$

式中，$B = B_1 + B_2$，表示感应线圈中总的磁感应强度，如图 5.12 所示。

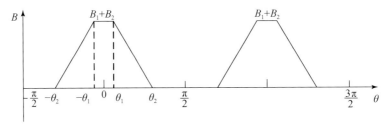

图 5.12　有外磁场条件下磁通门传感器中感应线圈的磁通量

如图 5.12 所示，磁感应强度的周期为 π，而激励磁场的周期为 2π，说明在激励磁场的作用下，外界被测磁场 H_x 被调制为激励磁场的二倍频波信号；并且，由于传感器采用了圆环式对称磁芯结构，避免了变压器效应产生的感应电动势。

假设圆环内磁通量通过的截面积相等，记为 S，感应线圈的匝数为 N，则根据法拉第电磁感应定律，可以得到磁感应强度 B 在感应线圈中所产生的感应电压，表示为

$$e = \begin{cases} 0, & -\dfrac{\pi}{2} \leqslant \theta \leqslant -\theta_2 \\ -\mu_c H_m NS\omega\cos\theta, & -\theta_2 \leqslant \theta \leqslant -\theta_1 \\ 0, & -\theta_1 \leqslant \theta \leqslant \theta_1 \\ \mu_c H_m NS\omega\cos\theta, & \theta_1 \leqslant \theta \leqslant \theta_2 \\ 0, & \theta_2 \leqslant \theta \leqslant \dfrac{\pi}{2} \end{cases} \qquad (5.22)$$

可见，感应线圈的输出电压是一个奇函数，根据傅里叶变换，并求出 θ_1 与 θ_2，式（5.22）可表示为

$$e \approx 32\mu_d f \frac{H_s H_x}{H_m} NS\sin 2\omega t \qquad (5.23)$$

式中，f 为激励磁场的频率。可以看出，磁通门传感器输出的二倍频波感应电压与被测外界磁场 H_x 成正比，并且 $\mu_c H_m > \mu_c H_s + \mu_d H_x$，即磁通门传感器需工作在周期性过饱和状态。

5.3.2　磁通门传感器设计

磁通门传感器磁场测量部件的基本结构主要由激励线圈、感应线圈和反馈线圈等组成。激励线圈是以高磁导率软磁材料为核心的螺线环，产生调制信号；感应线圈是套在激励线圈外面的螺线管，用于输出测量信号；而反馈线圈在最外层形成一个磁反馈，使测量系统处于更加稳定的闭环状态。下面分别从线圈绕制设计以及感应线圈的输出信号调理来对磁通门传感器进行介绍。

1. 线圈设计

由于磁芯热处理工艺无法保证绝对的均匀，人工绕制线圈工艺虽然能够保证线圈分布的均匀，但是无法保证一致性，因此传感器需要进行大量的筛选工作。筛选过程主要包括温度适应性筛选、激励筛选和传感器信噪比筛选等。

传感器激励的匹配阻抗在一定范围内都能与线圈形成谐振。但是，随着环境温度的变化会导致线圈阻抗特性发生变化，适合的匹配阻抗范围也会发生变化，严重时在一定环境温度下可能出现激励信号质量下降甚至失谐的情况，导致传感器无法正常工作。正是由于上述原因，因此需要对每个传感器进行温度适应性筛选，确定每个传感器在全部温度环境下都能适应匹配阻抗范围。

激励筛选试验的目的是筛选激励线圈，测试最佳激励时一次谐波和二次谐波的大小。一次谐波大，而二次谐波小的激励线圈为理想的激励线圈。

信噪比筛选试验的目的是为了筛选激励线圈与感应线圈的最佳组合。开环信噪比是磁通门传感器最重要的性能之一。在外部稳定磁场的作用下，测量二次谐波信号强度与带宽范围内的噪声能量的比值即为开环信噪比。

2. 信号调理

磁通门传感器电路的总体设计如图 5.13 所示，内部三个分量的信号调理电路分别独立。

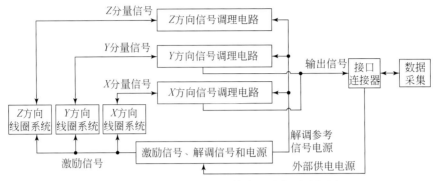

图 5.13　三分量磁通门磁传感器总体设计框图

激励电路和信号调理电路的结构如图 5.14 所示。激励电路主要通过功率放大器和谐振网络将固定频率的方波信号进行功率放大，从而驱动激励线圈产生激励磁场。信号调理电路分为前置放大、滤波、移相器、相敏解调、积分以及反馈模块等。

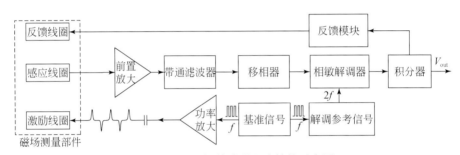

图 5.14　磁通门传感器电路结构示意图

基准信号发生器通过功率放大器驱动激磁线圈。为了提高激励效率、简化电路并且保证基波的频率质量，采用方波作为基准信号源。方波通过 MOSFET 驱动开关实现功率放大，然后采用串并联谐振网络作为阻抗匹配，实现信号最大程度的利用；串联谐振用来保证基波的低衰减通过，并联谐振实现高阻抗，从而控制整个激励电路的功率，同时足够高的值可以确保通过激励线圈上的电流足够大。

磁通门磁传感器的二倍频波有效信号一般比较微弱，需经过前置放大后再进行调理。采用交流差分网络作为输入耦合，可以有效消除共模噪声及线路噪声的干扰。由于信号中含有奇次谐波成分，其值远大于二倍频波有效信号的幅值，因此为避免放大倍数过大导致信号通道饱和，采用带通滤波器。

电路中相敏检波主要用于对二次谐波有效信号进行选频。在相敏检波电路的全波整流过程中，解调参考信号及其奇次谐波以衰减为原信号 $1/n$（n 表示谐波次数）的方式通过，而偶次谐波被抑制，输出为零。但是，由于随着温度及自身材料等因素的影响，传感器电路的一些参数产生变化，使测量结果漂移或者噪声增大。如图 5.15 所示，当移相器将信号相位与基准方波相位保持一致时，全波整流的输出信号效率最高，当其不一致时，输出信号出现衰减。如果相位差为 90°，输出效率为零，并且相位变化的影响将会放大，造成测量信号的漂移和噪声。因此在信号调理电路中，应调整相敏解调电路，并将信号调整到最佳相位点附近。

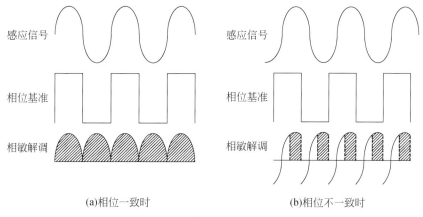

(a)相位一致时　　　　　　　　　(b)相位不一致时

图 5.15 相移对基准漂移的影响

积分器主要用于实时快速响应输入信号，当输入信号偏移零点，积分器迅速趋向饱和；反馈模块则是一个标准的电压电流转换电路，将积分器输出电压变成电流信号输入到反馈线圈。当反馈磁场与外部磁场相等时，传感器工作在零场状态，否则积分器将继续调整。

5.4 高温超导磁传感器的研制

5.4.1 高温超导磁传感器原理

高温超导磁传感器是利用超导材料在超导状态下检测目标磁场变化的一种磁测装置。它由超导量子干涉器（SQUID）、电子检测记录系统以及为 SQUID 提供低温环境的液氮杜瓦瓶三部分组成。SQUID 由超导环和约瑟夫森（Josephson）结组成。当超导环被适当大小的射频电流偏置后，会出现宏观量子干涉效应，若有外磁场存在，约瑟夫森结两端的电压与超导环外磁通量的变化呈周期性函数，起伏周期是磁通量子 $\phi_0 = 2.07 \times 10^{-15}$ Wb。高温超导磁传感器按工作方式分为直流超导量子干涉器（DC SQUID）和射频超导量子干涉器（RF SQUID）。

图 5.16 为 RF SQUID 超导环与谐振电路耦合拾取信号的电路示意图。与超导环耦合的谐振电路由电感线圈 L_r 和电容 C_r 并联。那么它的谐振阻抗为

$$Z_0 = \frac{Q}{\omega_0 C_r} = \omega_0 Q L_r \tag{5.24}$$

式中，Q 为谐振电路的品质因数，ω_0 为谐振角频率。

假设谐振电路的射频偏置电流为

$$i_{rf} = I_{rf} \cos \omega_0 t \tag{5.25}$$

式中，I_{rf} 为射频偏置电流的最大幅值。那么，谐振电路的射频偏置电压为

$$V_{rf} = i_{rf} Z_0 = \omega_0 Q L_r I_{rf} \cos \omega_0 t \tag{5.26}$$

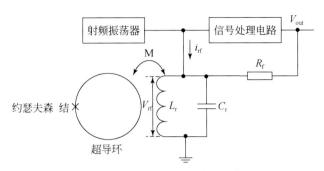

图 5.16　RF SQUID 信号拾取示意图

因此，谐振电路中电感线圈的电流为

$$i_r = \frac{V_{rf}}{j\omega L_r} = QI_{rf}\sin\omega_0 t \qquad (5.27)$$

同时，超导环与谐振电路线圈之间的互感 M 为

$$M = k\sqrt{L_s L_r} \qquad (5.28)$$

式中，k 为超导环与谐振电路线圈的耦合系数，L_s 为超导环的自感。

因为超导环内由谐振电路中线圈产生的射频磁通量为

$$\phi_{rf} = Mi_r = kQI_{rf}\sqrt{L_s L_r}\sin\omega_0 t \qquad (5.29)$$

那么，通过超导环的外部总磁通量 ϕ_e 可表示为外界磁通量 ϕ_x 和谐振电路产生的射频磁通量 ϕ_{rf} 之和，即

$$\phi_e = \phi_x + \phi_{rf} \qquad (5.30)$$

由于超导环中的感应磁通量为

$$\phi_s = L_s i_s \qquad (5.31)$$

因此，超导环中的总磁通量表示为

$$\phi = \phi_e + \phi_s = \phi_x + \phi_{rf} + L_s i_s \qquad (5.32)$$

通过电子对波相位条件与约瑟夫森效应可以得到超导环的总磁通量与磁通量子的关系表达式为

$$\frac{\phi_0}{2\pi}\arcsin\frac{i_s}{I_c} + \phi = n\phi_0 \qquad (5.33)$$

其中，I_c 为临界超导电流，n 为自然数。因而，存在约瑟夫森结的超导环中总磁通量并不是量子化的。将式（5.33）代入总磁通量的表达式（5.32）中可得含有约瑟夫森结的超导环磁通方程为

$$\phi = \phi_e + L_s I_c \sin\left[2\pi\left(n - \frac{\phi}{\phi_0}\right)\right] \qquad (5.34)$$

在射频电流 i_{rf} 的激励作用下，若无外界测量磁场，与超导环耦合的谐振电路特性曲线如图 5.17（a）所示；当有外磁场时，特性曲线如图 5.17（b）所示。

当超导环中感应电流 i_s 小于临界电流 I_c 时，磁通量不发生跃迁，无能量损耗，谐振电路不向超导环提供能量，此时谐振电路的 V_{rf} 与 I_{rf} 成正比关系，如图 5.17（a）中 OA 曲线

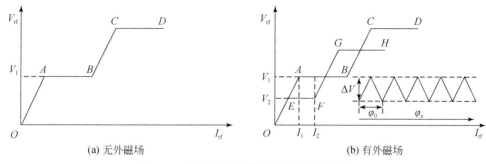

（a）无外磁场　　　　　　　　　　（b）有外磁场

图 5.17　超导环耦合谐振电路的特性曲线

所示；当超导环发生磁通量跃迁时，谐振电路通过互感向超导环提供其消耗的能量，此时谐振电路的电压 V_{rf} 不随偏置电流 i_{rf} 变化，基本保持在一个稳定状态，如 AB 曲线所示。在图 5.17（b）中，当外磁场 ϕ_x 为 $n\phi_0$ 时，谐振电路的电压沿 OAB 曲线变化；当外磁场 ϕ_x 为 $(n+1/2)\phi_0$ 时，谐振电路的电压沿 OEF 曲线变化。假设射频偏置电流 i_{rf} 在偏置点 I_1 与 I_2 之间，当外磁场发生变化时，谐振电压 V_{rf} 的输出在 V_1 与 V_2 之间变化，表现为一系列周期性变化的三角波，周期为一个磁通量子 ϕ_0。幅值 $\Delta V = V_1 - V_2$ 恒定，称为电压调制深度，表示为

$$\Delta V = \frac{\omega L_r}{M} \cdot \frac{\phi_0}{2} \tag{5.35}$$

三角波的斜率称为磁通量的灵敏度，表示为

$$S^* = \frac{\Delta V}{\phi_0/2} = \frac{\omega}{k}\sqrt{\frac{L_r}{L_s}} \tag{5.36}$$

从式（5.36）中可以看出，当增加谐振频率和谐振线圈电感，或减小超导环的自感，均有助于灵敏度的提高。超导环耦合谐振电路磁通的特性曲线如图 5.18 所示。

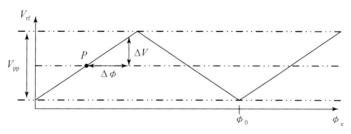

图 5.18　超导环谐振电路磁通的特性曲线

　　假设点 P 为 SQUID 的工作点，若外磁场的磁通量发生变化，超导环内就会有一个磁通量的偏移（记为 $\Delta\phi$），那么在图 5.18 中的特性曲线上则出现偏移电压，表示为

$$\Delta V = S^* \Delta\phi \tag{5.37}$$

偏移电压 ΔV 再经过后续的信号处理，积分后通过电阻 R_{fb} 将相应大小的电流反馈至谐振线圈形成磁补偿，使 SQUID 的工作点回到 P 点，完成零磁通闭环检测系统。选择的反馈电阻 R_{fb} 不同，传感器的灵敏度与动态范围也会相应的改变。最后，通过测量积分后的

输出电压 V_{out} 即可测出被测的外界变化磁通量 $\Delta\phi$ 的大小。

5.4.2　高温超导磁传感器设计

目前，高温超导 SQUID 主要采用的工艺是：在双晶衬底基片上沉积钡钇铜氧（一种临界温度在 100K 以上的高温超导薄膜），并经过微加工工艺，制备成直接耦合结构的 SQUID。与前面介绍的两种磁传感器不同，高温超导磁传感器对工艺要求很高，因此，本节从加工工艺和信号调理两个方面来介绍。

1. 加工工艺

高温超导 SQUID 芯片的结构包括有 SQUID 环、约瑟夫森结和探测线圈 3 部分。SQUID 环与一个探测线圈直接耦合。高温超导 SQUID 芯片的工艺流程主要分为 5 步，分别是：①在衬底上沉积高质量 YBCO 薄膜；②使用光刻工艺，在 YBCO 薄膜上确定高温 SQUID 芯片的结构；③利用刻蚀工艺，完成 SQUID 芯片的制备；④将 SQUID 芯片引出电极至电路板上，并对其进行测试；⑤封装 SQUID 芯片。

高温超导薄膜（YBCO）的质量是获得高温超导 SQUID 芯片的前提。一般采用激光沉积系统来制备高温超导 YBCO 薄膜。在制备 YBCO 薄膜的过程中，沉积温度、氧分压、基片与羽辉的相对位置这三个参数最为关键。薄膜外延生长性质和薄膜电阻温度曲线可以用来确定薄膜生长参数范围，从而在一定的沉积温度与氧分压下，获得高质量的 YBCO 薄膜。通过优化高温超导 SQUID 芯片光刻和刻蚀工艺参数，制备优质的约瑟夫森结，其 V–I 曲线特征如图 5.19 所示。

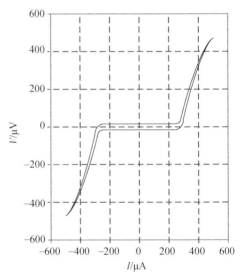

图 5.19　高温约瑟夫森结的 V–I 曲线

高温 SQUID 器件制备完成后，将 SQUID 芯片在真空或氮气中进行密封。高温 SQUID 器件的封装结构由底板和盖板两部分组成。在底板上制备有器件引出电极，将高温 SQUID 芯片贴在底板表面，其电极引出引线至底板电极上，然后盖上盖板，并将底板和盖板连接处密封。由于 SQUID 器件是磁场传感器，因此封装过程中各部分结构选用非金属无磁材料，以防止在磁场测量过程中磁性材料和金属涡流的影响。

用于提供低温环境的杜瓦，要求可以通过一定频率的外界磁场，并且本身不引入噪声，因此需采用质量轻、硬度强寿命长的无磁材料制作。采用多层绝热结构设计，并保证杜瓦绝热空间的真空度，延长液氮保持时间。

2. 信号调理

高温超导磁传感利用交流磁通调制技术，解决电路的 $1/f$ 噪声以及 SQUID 器件的电压信号拾取，通过低噪声前置放大器和信号变压器结合，使信号低噪声输出。因磁通锁定环路（FLL）读出系统是一个动态负反馈电路，所以通过提高 FLL 开环各环节电路的电压输出摆率，从而提高被测磁通的变化响应。设置适当的反馈线圈与 SQUID 之间的互感系数 M 以及反馈电阻 R_{fb}，可以增加传感器的测量范围，并确保读出电路不失锁。FLL 电路实现了 SQUID 磁通电压线性转换。采用数字模拟混合式器件对电路进行参数数字化改进，实现 FLL 电路参数的数字化与智能化调控。同时，优化电路设计和加工工艺，实现传感器的小型化。目前常用的 SQUID 读出电路采用基于磁通调制的磁通锁定式读出电路。SQUID 读出电路的磁通锁定读出原理如图 5.20 所示。

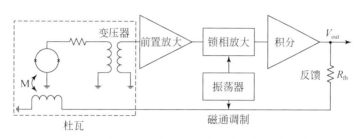

图 5.20　交流调制的磁通锁定式读出电路原理图

系统工作在闭环模式下，磁通反馈电路将外磁通信号经过放大后，形成负反馈磁通，补偿 SQUID 环里面磁通的变化。此时反馈的电信号 V_{out} 即代表了外界磁场的变化。磁通调制读出电路克服了 SQUID 的 V_{rf}-ϕ_x 曲线非线性的缺点，且灵敏度显著提升。但是注意，获取 SQUID 磁通锁定电路无失真接收信号要求反馈之后的磁通量变化 $\delta\phi<\phi_0/4$，即反馈磁通与外磁通之差小于 SQUID 线性磁通范围。此时，SQUID 工作点在线性响应区内，输入与输出的比例固定。系统摆率主要与系统单位增益频率直接对应，该参数越大，系统摆率越高。在系统带宽设置方面，应确保系统闭环传输特性不存在过冲，频带内可保持线性响应，同时确保电路与器件联合工作的稳定性。

如图 5.21 所示，高温超导磁传感器系统包括杜瓦瓶、高温 SQUID、读出电路、上位机控制和信号发生器等。杜瓦瓶用于保存液氮，且蒸发率低，以确保野外实验的持续性；具备一定的射频防护性能，以确保 SQUID 工作不受干扰。高温 SQUID 要求具备防水、防震能力，且经过多次冷热循环而不损坏。读出电路要求持续工作时间长，与 SQUID 连接不产生静电，以确保操作可靠。读出电路一端同 SQUID 器件相连，一端同控制端相连。同 SQUID 相连端主要是调制信号回路，偏置信号回路，反馈信号回路，传感器输出信号回路，加热回路。同控制端相连的主要有直流电源，测试输入信号回路，输出信号回路，复位信号，通信信号。信号发生器用于提供调制磁通信号，便于 SQUID 工作参数调整。

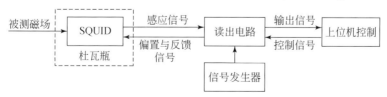

图 5.21　高温超导磁传感器系统整体设计

除了上述设备外，高温超导磁传感器系统还包括分子泵与屏蔽层。分子泵主要用于给杜瓦抽真空，以确保液氮的低蒸发率。高温杜瓦一般真空度需要保持在 10^{-3}Pa 以下。屏蔽层用来避免外界产生的射频干扰。

参 考 文 献

奥汉德利 R C. 2002. 现代磁性材料原理和应用. 周永洽等译. 北京：化学工业出版社

陈兴朋，宋刚，周胜，等. 2012. 音频大地电磁磁场传感器的研制. 中国有色金属学报，22（3）：1～6

程德福，等. 2008. 传感器原理及应用. 北京：机械工业出版社

丁鸿佳，刘士杰. 1997. 我国弱磁测量研究的进展. 地球物理学报，40：238～248

何仁汉，薛寿清. 1987. 超导岩样磁力仪的研制. 地球物理学报，30（5）：504～513

胡星星，腾云田，谢凡，等. 2010. 磁通门磁力仪背景磁场的自动补偿设计. 仪器仪表学报，31（4）：956～960

巨汉基，朱万华，方广有. 2010. 磁芯感应线圈传感器综述. 地球物理学进展，25（5）：1870～1876

李绍，任育峰，王宁，等. 2009. 利用高温超导直流量子干涉器件进行 10^{-6}T 量级磁场下核磁共振的研究. 物理学报，58（8）：5744～5749

林君. 1997. 地球物理弱磁测量仪器进展. 石油仪器，11（2）：7～11

刘石，李宝清，董官军，等. 2010. 一种平面四轴向磁通门传感器的设计. 传感技术学报，23（11）：1565～1569

刘世杰，卢军，马连云，等. 1990. CTM-302 型三分量高分辨率磁通门磁力仪的研制与应用. 地球物理学报，33（5）：566～576

刘仕伟，刘诗斌. 2011. 基于 FPGA 的数字磁通门传感器系统设计和实现. 现代电子技术，34（12）：198～204

刘斯，曹大平. 2010. 基于球形反馈线圈的三轴磁通门磁强计. 仪器仪表学报，31（10）：2322～2327

刘洋，荣亮亮，蒋坤，等. 2014. 超导磁力仪射频屏蔽仿真与实验研究. 低温物理学报，36（2）：136～139

邵英秋，王言章，程德福，等. 2010. 基于磁反馈的宽频带磁传感器的研制. 仪器仪表学报，31（11）：2461～2466

藤吉文. 2005. 中国地球物理仪器和实验设备研究与研制的发展与导向. 地球物理学进展，20（2）：276～281

王妙月，底青云. 2003. 勘探地球物理学. 北京：地震出版社

魏文博. 2002. 我国大地电磁探测新进展及瞻望. 地球物理学进展，17（2）：245～254

袁桂琴，熊盛青，孟庆敏，等. 2011. 地球物理勘查技术与应用研究. 地质学报，85（11）：1744～1805

远坂俊昭. 2006. 测量电子电路设计——模拟篇. 彭军，译. 北京：科学出版社

张学孚，陆怡良. 1995. 磁通门技术. 北京：国防工业出版社

章志涛，张松勇，顾伟. 2008. 基于三端式磁通门技术的磁力梯度仪. 上海海事大学学报，29（2）：35～38

赵静，刘光达，安战锋，等. 2011. 一种提高高温超导磁力仪动态范围的补偿方法. 吉林大学学报（工学版），41（5）：1342～1347

周勋，安郁秀，郑莎樱. 1983. 环形芯磁通门磁力仪探头的灵敏度. 地震地磁观测与研究，4（1）：83～88

朱仁学. 2003. 大地电磁测深讲义. 北京：高等教育出版社

朱万华，底青云，刘雷松，等. 2013. 基于磁通负反馈结构的高灵敏度感应式磁场传感器研制. 地球物理

学报, 56（11）: 3683 ~ 3689

Claude C. 2006. Closed loop applied to magnetic measurements in the range of 0. 1–50MHz. Review of Scientific Instruments, 77（064703）: 1 ~ 7

Gebre E D. 2006. Magnetometer auto calibration leveraging measurement locus constraints. Journal of Aero-space Engineering, 19（2）: 87 ~102

Jander A, Nordman C A, Pohm A V, et al. 2003. Chopping techniques for low- frequencynanotesla spin-dependent tunneling field sensors. Journal of Applied Physics, 93（10）: 8382 ~ 8384

Malvino A, Bates D J. 2014. 电子电路原理. 李冬梅等译. 北京: 机械工业出版社

Ripka P. 2003. Advances in fluxgate sensors. Sensors and Actuators A, 106: 8 ~ 14

Tumanski S. 2007. Induction coil sensors- a review. Measurement Science and Technology, 18（3）: R31 ~ R46

第6章 电磁数据预处理

针对 SEP 接收系统的实际情况，而开发集成出一套频率域电磁数据预处理系统，用于 CSAMT 方法和 MT 方法数据的预处理，目的是消除频率域数据中的各种附加场干扰，为后续的资料反演解释做准备。与传统的处理方法类似，其主要内容包括：

（1）去噪处理，消除原始资料中携带的各种人文噪声干扰；

（2）地形校正，改正地形引起的电磁场畸变假异常；

（3）静态校正，消除频率域电磁勘探数据中的静态效应；

（4）近场校正，校正 CSAMT 法由于收发距不足引起的近场效应。

由于频率域处理方法主要适用于远场，源的校正（时间、空间及尺度校正）在传统频率域处理方法中是不考虑的。但当使用近场资料时，必须考虑源的校正，这在 TEM、IP 及近场 CSAMT 等方法的数据处理中尤为重要，不过这超出了本书范围，这里暂不讨论。

本章共有 7 节，首先简单介绍电磁数据预处理的流程，然后详细介绍预处理中的去噪处理、地形校正、静态校正以及近场校正的方法技术及应用效果，接着简单介绍软件的 MT 参数计算功能，最后给出实测数据预处理的实例。

6.1 预处理流程

CSAMT 数据是人工源数据，而 MT 数据是天然源数据。因此，由两种方法获得数据的预处理流程稍有差异，对于 CSAMT 数据，需要进行近场校正，对于 MT 数据，需要进行参数计算。

SEP 系统内的 CSAMT 数据预处理软件由构筑测线等 5 个主要模块构成，总体结构如

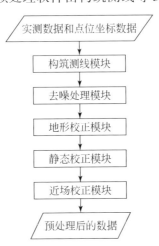

图 6.1 CSAMT 数据预处理软件总体结构图

图 6.1 所示。操作时可根据野外采集原始资料的实际情况，选择所需模块进行人机交互式预处理。

SEP 系统内的 MT 数据预处理软件由参数计算等 5 个模块构成，总体结构如图 6.2 所示。

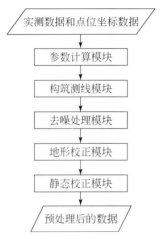

图 6.2　MT 数据预处理软件总体结构图

处理 MT 野外资料时，可根据需要，选择相应模块，采取人机交互方式实现预处理。

6.2　去 噪 处 理

在 CSAMT 和 MT 两种电磁方法勘探中，各种人文电磁噪声的存在，不可避免地给实测数据带来一定影响，严重时使曲线的形态发生变化，所以在资料解释前必须进行去噪处理。可由下述方法识别资料中的噪声：

（1）由于电磁勘探的体积效应，实测资料中相邻频点数据相关性很强，所以频率曲线上的突变点是有噪数据。

（2）由电磁勘探原理可以证明，在双对数坐标系中，视电阻率–频率曲线的变化率不应超过±45°，所以超过这个变化范围的数据是有噪数据。

（3）均方差大的数据是有噪数据。

针对上述噪声特点，数据预处理采用干扰点人工剔除、编辑和自动圆滑的方法进行去噪处理。具体包括如下方法技术。

6.2.1　方法技术

1. 曲线变化轨迹恢复方法

这种方法比较简单，即通过人机交互方式，根据技术人员的经验判断，将偏离频率曲线变化轨迹的频点数据移到正常轨迹上，形成去除噪声后的数据曲线。

2. 相位反算视电阻率方法

CSAMT 和 MT 数据都包括视电阻率和相位，当视电阻率数据所受干扰太大时，可以用相位数据来反算视电阻率。有以下两个根据：①相位是通过阻抗虚实部的比值求出的，若一个干扰引起阻抗的虚实部同时变化，阻抗振幅变化了，但其相位不变，所以，理论上讲，相位资料受干扰要小一些；②在相同频率条件下，相位反映的深度比视电阻率要深，由高频点的相位值可以推断出相邻低频点视电阻率的变化趋势，而且高频资料质量相对要好。假如第 21 个频点的资料受到干扰，那么可由第 20 个频点的相位数据和视电阻率数据估计第 21 个频点的视电阻率值。

以下就上述第①个根据进行具体说明。

对于二维地电结构，在电性主轴上阻抗 Z_{xy} 与电磁场的关系为

$$Z_{xy} = \frac{\langle E_x \quad H_y^* \rangle}{\langle H_y \quad H_y^* \rangle} \tag{6.1}$$

式中"＊"表示共轭复数，〈 〉表示同一频率信号功率谱的多组数据之和。

在有电磁噪声的情况下，可将实测电磁场表示为信号和噪声之和，即 $E_x = E_{xs} + E_{xn}$，$H_y = H_{ys} + H_{yn}$，下标 s 和 n 分别表示信号和噪声，在参与计算的资料数量足够大且电磁噪声不相关时，式（6.1）可写为

$$Z_{xy} = \frac{\langle E_{xs} \quad H_{ys}^* \rangle}{\langle H_{ys} \quad H_{ys}^* \rangle + \langle H_{yn} \quad H_{yn}^* \rangle} = \frac{Z_{xys}}{\left(1 + \dfrac{\langle H_{yn} \quad H_{yn}^* \rangle}{\langle H_{ys} \quad H_{ys}^* \rangle}\right)} \tag{6.2}$$

式中，Z_{xys} 为无干扰的阻抗。

由式（6.2）不难看出，干扰噪声的存在使得阻抗 Z_{xy} 比真值 Z_{xys} 偏低。同样分析式（6.2）可以发现，信号的自功率谱为实数，所以理论上 Z_{xy} 和 Z_{xys} 的相位是一致的，说明相位资料比视电阻率资料受电磁干扰的影响程度要小。这一结论使我们认识到相位资料在去噪处理中具有很重要的利用价值。

由于大地电磁响应的振幅和相位并不是独立的，根据希尔伯特转换公式可以给出由相位计算视电阻率的递推公式如下。

$$\rho_{a, p}(\omega_i) = \rho_{a, p}(\omega_{i-1}) \left(\frac{\omega_i}{\omega_{i-1}}\right)^{\left[\frac{4}{\pi}\theta(\omega_i) - 1\right]}, \quad i = 2, 3, 4, \cdots, n \tag{6.3}$$

对于某些信噪比低的实测视电阻率资料，根据式（6.3）可用相位资料进行视电阻率资料的恢复校正。

3. 曲线圆滑方法

随机干扰相当于在实测数据中加入了高频数据，所以可以用低通滤波圆滑的方法进行去噪处理。通常采用相邻 3 点线性回归技术。

4. 剖面视电阻率值参考方法

理论上，单测点上实测数据随频率是连续变化，剖面上相邻测点间的频率曲线形态及

变化也是连续的，SEP 系统内的电磁数据预处理软件可将整条剖面上所有测点的频率曲线显示出来，以便参考相邻测点的数据来识别和去除噪声。

6.2.2　数值试验

根据上述技术编制了电磁数据预处理软件去噪处理模块。为了检验软件去噪处理的应用效果，将理论数据添加了不同幅值的噪声资料作为实测数据，用编制的程序进行去噪处理，以此评价软件的去噪效果。

1. 模型设计

设计一个三层倾斜地电模型如图 6.3 所示。第一层电阻率为 $300\Omega\cdot m$，厚度在横向上是变化的，测点 1 处该层厚度为 100m，从测点 1 到测点 21 地层厚度逐渐增大，增加步长为 50m，至测点 21 处该层厚度为 1100m，测点间距为 125m；第二层电阻率为 $100\Omega\cdot m$，厚度为 400m；第三层电阻率为 $300\Omega\cdot m$。

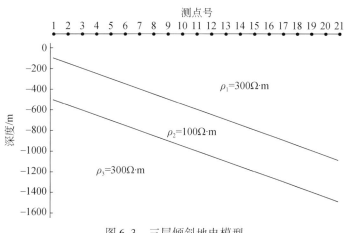

图 6.3　三层倾斜地电模型

2. 理论数据

由 WingLink 软件计算该三层倾斜地电模型的视电阻率响应，作为理论数据。图 6.4 所示为三层倾斜地电模型的理论视电阻率-频率拟断面图。

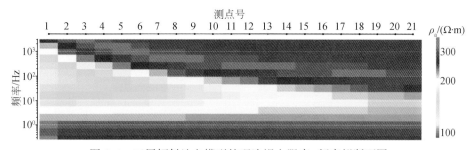

图 6.4　三层倾斜地电模型的理论视电阻率-频率拟断面图

3. 去噪处理

分别在三层倾斜地电模型的理论数据中加入均方差为5%和10%的正态噪声，采用曲线圆滑方法去噪，计算去噪后的数据与理论数据的相对均方差，以评价软件去噪处理的效果。

1）5%噪声的去噪试验

图6.5是给理论数据加入均方差为5%的正态噪声后的视电阻率–频率拟断面图，图6.6为去噪以后的结果图，去噪处理后数据和理论数据的相对均方差为3.5%，说明压制了资料中的噪声。

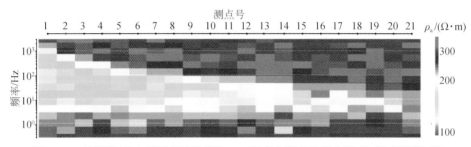

图6.5　三层倾斜地电模型理论数据加5%噪声去噪前的视电阻率–频率拟断面图

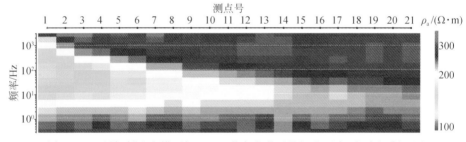

图6.6　三层倾斜地电模型加入5%噪声去噪后的视电阻率–频率拟断面图

2）10%噪声的去噪试验

图6.7是给理论数据加入均方差为10%的正态噪声后的视电阻率–频率拟断面图，图6.8为去噪结果，去噪处理后的数据和理论数据的相对均方差变为6.6%，一定程度上压制了资料中的噪声。

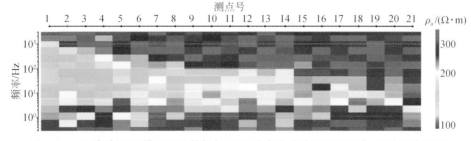

图6.7　三层倾斜地电模型理论数据加10%噪声去噪前的视电阻率–频率拟断面图

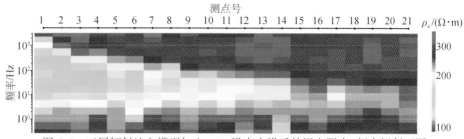

图 6.8 三层倾斜地电模型加入 10% 噪声去噪后的视电阻率–频率拟断面图

4. 50Hz 及其谐波去噪

不论是 MT 勘探还是 CSAMT 勘探，数据采集时虽然在仪器中已对工频信号进行了陷波处理，但处理后的资料仍有可能存在工频干扰，使得 50Hz 及其谐波的频点上，数据均方差较大并偏离曲线轨迹，对此进行了去噪试验。

首先给三层倾斜地电模型理论数据加 5% 的正态噪声，然后在 50Hz 附近的频点数据中加 30% 噪声，在 150Hz 附近频点数据中加 20% 噪声，加噪后的视电阻率–频率拟断面图如图 6.9 所示，从该图中可以看出，噪声的存在引起了明显的视电阻率畸变。

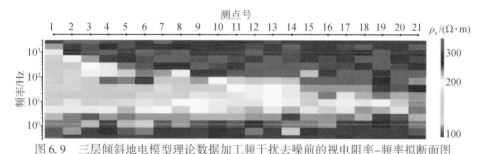

图 6.9 三层倾斜地电模型理论数据加工频干扰去噪前的视电阻率–频率拟断面图

通过以下途径来消除这些噪声：首先通过突变点删除编辑的方法去噪，然后采用滤波去噪，结果见图 6.10。图中不再有明显的噪声影响，去噪后的数据与理论数据间的相对均方差减小到 3.6%。

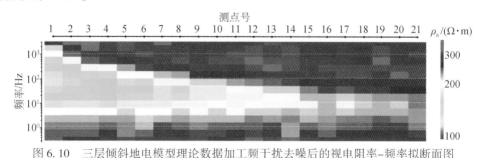

图 6.10 三层倾斜地电模型理论数据加工频干扰去噪后的视电阻率–频率拟断面图

6.3 地 形 校 正

如果后期的电磁资料反演软件要求地形是水平的，就需对原始资料进行地形校正，目前常用的校正方法是比值法。

6.3.1 基本理论

首先计算出纯地形的电磁响应，然后对视电阻率资料采用比值法校正，对阻抗相位资料采用减去法校正。所用的校正公式如下：

$$\rho_0(f) = \rho_i(f) \times C_p(f) \tag{6.4}$$
$$\phi_0(f) = \phi_i(f) \times C_\phi(f) \tag{6.5}$$

式中各个变量的物理意义及单位分述如下：

f 为频率，单位 Hz；

$\rho_0(f)$ 为地形校正后的视电阻率，单位 $\Omega \cdot m$；

$\rho_i(f)$ 为有地形影响的视电阻率，单位 $\Omega \cdot m$；

$C_p(f) = \dfrac{\rho_{地形模型}}{\rho_{地形}}$ 为视电阻率地形校正系数，无量纲；

$\phi_0(f)$ 为地形校正后的阻抗相位，单位（°）；

$\phi_i(f)$ 为有地形影响的阻抗相位，单位（°）；

$C_\phi(f) = \phi_{地形} - 45°$ 为阻抗相位校正量，单位（°）。

6.3.2 数值试验

下面用包含有山脊地形和山谷地形的三层模型来检验地形校正的效果。

1）三层介质与山脊地形的耦合模型

设计的模型如图 6.11 所示。三层模型中第一层和第三层电阻率为 $300\Omega \cdot m$，第一层厚度为 380 m，第二层电阻率为 $51\Omega \cdot m$，厚度为 400 m。该三层模型和山脊模型耦合在一起，山脊的宽度为 1.1 km，相对高度为 120 m。在地表布设一条剖面，测量剖面长度为 2.2 km，剖面上有测点 45 个，点距 50 m。

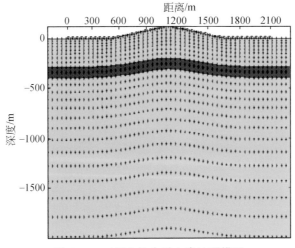

图 6.11 三层电性介质山脊地形模型

　　采用德国 Metronix 公司的 SCS–2D 软件计算三层电性介质山脊地形模型理论响应数据。TM 模式响应和 TE 模式响应的计算结果分别见图 6.12 和图 6.13。纯地形的理论视电阻率和阻抗相位（TM 和 TE 模式）也由 SCS–2D 软件计算得到。图 6.14 是经地形校正后，三层电性介质 TM 模式的视电阻率和阻抗相位拟断面图，图 6.15 是经地形校正后 TE 模式的视电阻率和阻抗相位拟断面图。这两个图件显示的断面基本消除了地形的影响，呈现出三层地电模型的响应特征。

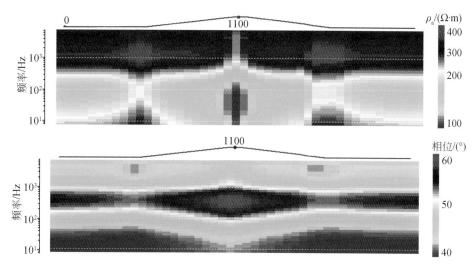

图 6.12　三层电性介质山脊地形 TM 模式视电阻率（上）和阻抗相位（下）拟断面图

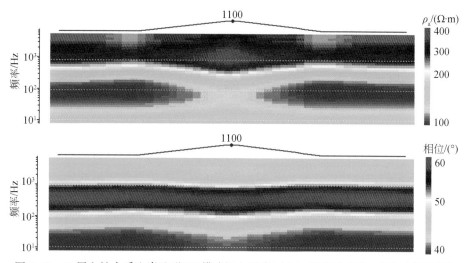

图 6.13　三层电性介质山脊地形 TE 模式视电阻率（上）和阻抗相位（下）拟断面图

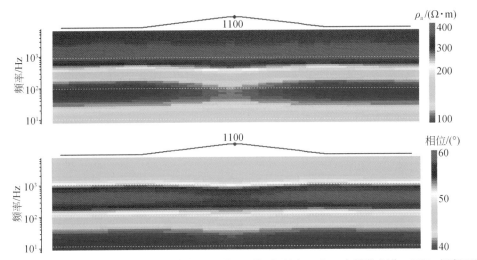

图 6.14 三层电性介质山脊地形 TM 模式地形校正后视电阻率（上）和阻抗相位（下）拟断面图

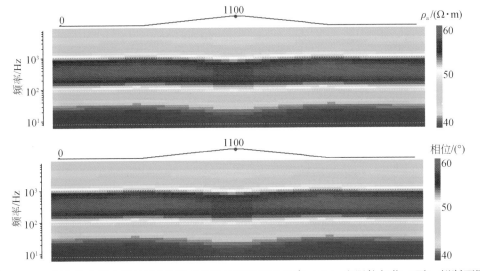

图 6.15 三层电性介质山脊地形 TE 模式地形校正后视电阻率（上）和阻抗相位（下）拟断面图

2）三层介质与山谷地形的耦合模型

将上一模型中的山脊地形换成山谷地形来探讨对山谷地形的校正效果。

采用 SCS-2D 软件计算三层电性介质山谷地形模型的理论视电阻率和阻抗相位，结果见图 6.16 和图 6.17。纯地形的理论视电阻率和阻抗相位也采用 SCS-2D 软件计算。图 6.18 是经地形校正后，三层电性介质 TM 模式的视电阻率和阻抗相位拟断面图，图 6.19 是经地形校正后 TE 模式的视电阻率和阻抗相位拟断面图。图 6.18 和图 6.19 显示的断面也基本消除了地形的影响，呈现出三层地电模型的响应特征。

这两个模型的例子说明，应用比值法进行地形校正是有效的。

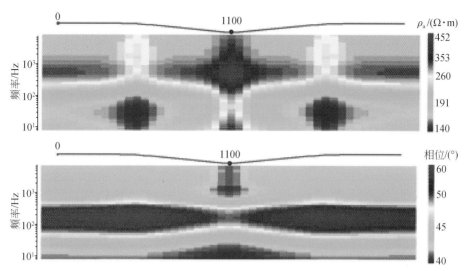

图 6.16　三层电性介质山谷地形 TM 模式视电阻率（上）和阻抗相位（下）拟断面图

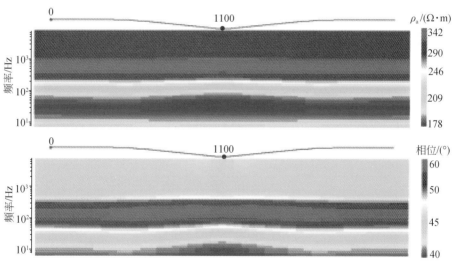

图 6.17　三层电性介质山谷地形 TE 模式视电阻率（上）和阻抗相位（下）拟断面图

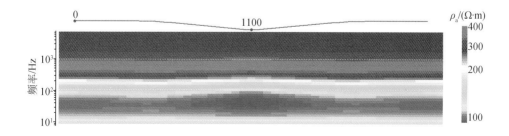

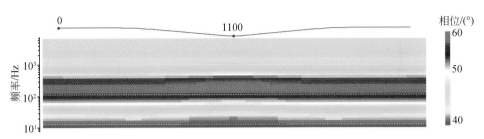

图 6.18　三层电性介质山谷地形 TM 模式地形校正后视电阻率（上）和阻抗相位（下）拟断面图

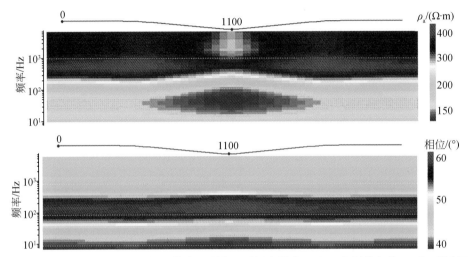

图 6.19　三层电性介质山谷地形 TE 模式地形校正后视电阻率（上）和阻抗相位（下）拟断面图

6.4　静　态　校　正

无论 MT 方法还是 CSAMT 方法，都存在静态效应。静态效应是由靠近地表的一些非均匀电性体引起的，这些不均匀电性体在界面积累电荷，产生一个附加的电场，引起电场畸变。静态效应可能在某种程度上影响所有频点的电场测量，所以必须对它进行校正。很多学者在静态校正方面做了大量研究工作，但由于实际资料的复杂性，这个问题一直难以彻底解决。

6.4.1　静校方法

在 SEP 系统的电磁数据预处理软件中，我们集成了 CSAMT 数据处理中的常用的手动平移法及低通滤波法两种简单有效的静态校正方法和参考无静态效应的 TEM 曲线的校正方法。

1. 手动平移法

由于地表不均匀电性体引起的附加电场的大小与外电场成正比，静态效应使视电阻率曲线在对数坐标中发生平移，所以可以采用平移法进行静态校正。通过比较相邻测点的频率曲线形态和幅度，将明显偏离众值的测点频率曲线进行平移，使各测点频率曲线的幅度连续变化。

2. 低通滤波法

在空间域，静态效应是高频成分，所以采用汉宁低通滤波器在剖面上进行低通滤波，平移测点频率曲线，使各测点曲线的幅度连续变化。

3. TEM 静态校正法

由于理论上 TEM 资料没有静态效应，所以可用 TEM 数据获得高频的视电阻率响应，然后平移 MT 或 CSAMT 视电阻率曲线，使高频段和 TEM 曲线重合，实现静态校正的目的。然而 TEM 是时间域资料，需作时频转换到频率域。

这里采用的 TEM 时频转换的公式为

$$f = 3.9t \tag{6.6}$$
$$\rho(f) = 2.3\rho(t)\,\mathrm{e}^{-0.85} \tag{6.7}$$

式中，f 为频率，单位 Hz；t 为 TEM 衰减延时，单位 ms；$\rho(f)$ 表示观测频率为 f 时的视电阻率，单位 $\Omega\cdot\mathrm{m}$；$\rho(t)$ 表示延时 t 时刻的视电阻率，单位 $\Omega\cdot\mathrm{m}$。

6.4.2　数值试验

实际工作中，常用的静态校正方法为手动平移校正和低通滤波校正两种方法。本节通过设计模型来检验这两种静校方法的应用效果。

1. 平移校正

设计一个三层电性介质模型，模型参数与 6.3 节地形校正时所用的三层模型相同。重写如下：三层模型中第一层和第三层电阻率为 $300\Omega\cdot\mathrm{m}$，第一层厚度为 380 m，第二层电阻率为 $51\Omega\cdot\mathrm{m}$，厚度为 400 m，模型如图 6.20 所示。在剖面上设计了两个局部不均匀电性体，一个为低阻，一个为高阻。低阻局部不均匀体宽 100 m，位于 1125 点和 1175 点下，高 10 m，电阻率为 $13\Omega\cdot\mathrm{m}$。高阻局部不均匀体宽 50 m，位于 1325 点下，高 10 m，电阻率为 $1619\Omega\cdot\mathrm{m}$。

在模型上方布设长度为 400 m 的测量剖面，上有测点 9 个，点距 50 m。

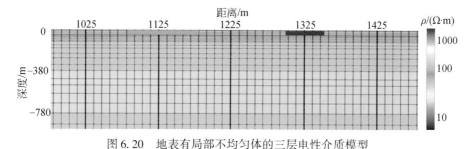

图 6.20　地表有局部不均匀体的三层电性介质模型

采用 WingLink 软件分别计算图 6.20 所示模型中地表有、无局部电性不均匀体的理论响应。图 6.21 为地表有局部不均匀体的视电阻率和阻抗相位拟断面图，图 6.22 为地表无局部不均匀体的视电阻率和阻抗相位拟断面图。

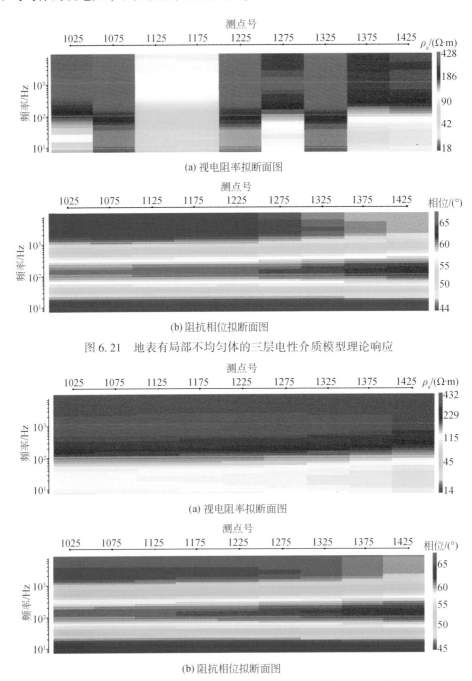

(a) 视电阻率拟断面图

(b) 阻抗相位拟断面图

图 6.21　地表有局部不均匀体的三层电性介质模型理论响应

(a) 视电阻率拟断面图

(b) 阻抗相位拟断面图

图 6.22　地表无局部不均匀体的三层电性介质模型理论响应

比较图 6.21 和图 6.22，在图 6.21 中，视电阻率明显受到地表局部不均匀体的影响，使下有不均匀体的测点上全部频点数据发生平移。1125 点和 1175 点在低阻体上，该点的频率曲线向低阻移动，1325 点在高阻体上，曲线向高阻移动。值得注意的是，相位资料不受静态影响，图 6.21 和图 6.22 中的相位断面基本一致，所以通常用相位来判断实测数据中是否有静态效应。

采用人机联作平移的方法，根据相位资料判断测点有无静态效应，根据前后测点曲线幅值以及整条剖面的视电阻率幅值，决定平移量，进行静态校正。图 6.23 为平移法静态校正后的视电阻率结果，通过对比发现，校正结果和无静态效应的图 6.22 一致，说明方法可行。

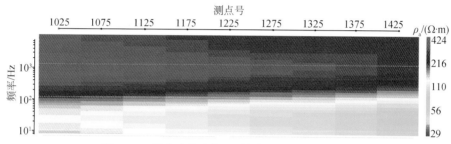

图 6.23　平移法静态校正后的视电阻率拟断面图

2. 低通滤波校正

设计的模型如图 6.24 所示，是含山谷地形的三层地电模型。该模型中第一层和第三层电阻率为 $300\Omega \cdot m$，第一层厚度为 380m，第二层电阻率为 $51\Omega \cdot m$，厚度为 400m。山谷的宽度为 1.1km，相对高度为 120m。在地表布设一条剖面，剖面长度为 2.2km，剖面上有测点 45 个，点距 50m。在地表 1125，1175，2275，3075 四个点下添加低阻局部电性不均匀体。在地表 1325，1925，2875，2925 四个点下添加高阻局部电性不均匀体。

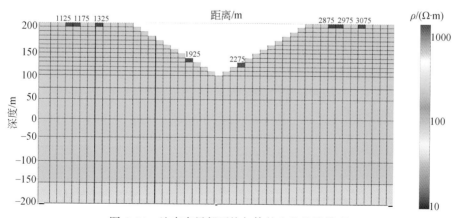

图 6.24　地表有局部不均匀体的山谷地形模型

采用 WingLink 软件计算理论视电阻率和阻抗相位，结果如图 6.25 所示，在有局部不均匀体的测点处出现明显的静态效应。

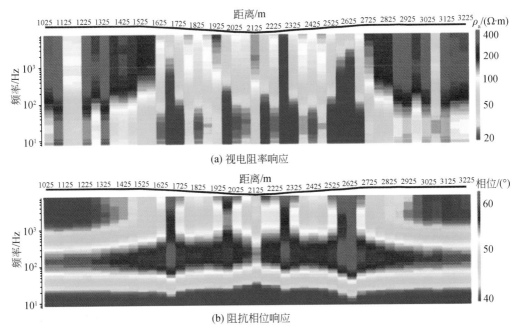

(a) 视电阻率响应

(b) 阻抗相位响应

图 6.25　图 6.24 所示模型的理论响应

对于带地形模型的理论数据首先要进行地形校正，然后采用低通滤波方法进行静态校正，校正结果见图 6.26。图 6.27 是地表无局部不均匀体地形的视电阻率拟断面图（同图 6.18），图 6.26 和图 6.27 一致，说明了软件的静态校正效果较好。

图 6.26　图 6.24 所示模型理论数据综合校正后视电阻率拟断面图

图 6.27　图 6.24 所示模型无电性不均匀体理论数据地形校正后视电阻率拟断面图

6.5　近场校正

近场是由人工源的影响造成的，由于源的存在，在一定的区域，由源产生的电磁波在某些频点上不再是平面波，根据卡尼亚视电阻率公式计算得到的视电阻率和相位产生畸变。CSAMT 方法存在近场，而 MT 法不存在近场，因此近场校正只针对 CSAMT 数据处理。

目前有源情况下视电阻率的计算采用的是 MT 法的卡尼亚视电阻率计算公式：

$$\rho_{a} = \frac{1}{5f} \left| \frac{E_x}{H_y} \right|^2 \tag{6.8}$$

上式仅在平面波条件下成立，在近区由于电场和磁场的比值为一常数，所以在对数坐标系下，式（6.8）计算出的视电阻率-频率曲线为以 45°斜线为渐近线的曲线，反映的不再是真实的大地电阻率。近场校正是消除场源引起的非平面波影响，使计算的视电阻率在均匀大地条件下等于真电阻率。

6.5.1　基本方法

近场校正采用底青云等编著的《可控源音频大地电磁数据正反演及方法应用》一书中介绍的方法。

6.5.2　数值试验

1. 不同收发距的近场校正

在均匀大地条件下，设计不同收发距，计算 CSAMT 方法的理论视电阻率，模型如图 6.28 所示。均匀大地电阻率为 $300\Omega \cdot m$，在地表有一条测线，长度为 17km，共有 18 个测点，点距为 1km，最近收发距为 4km，最远收发距为 21km。

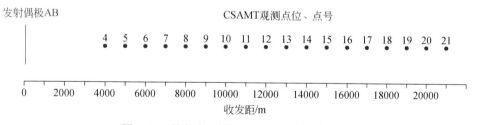

图 6.28　均匀大地模型测点与发射源的关系

计算均匀大地模型的 CSAMT 理论响应，结果见图 6.29。图（a）是第 4 个测点上的视电阻率-频率曲线，可以看到收发距较小时，视电阻率-频率曲线在中高频段就有 45°上升趋势。图（b）是该测线的视电阻率-频率拟断面图，测点号越大，收发距越大。可以看出，小收发距时，随频率值降低，测点视电阻率值有明显升高的趋势，表明近场出现得越早（向高频移动）。

用自研预处理软件作近场校正后，结果如图 6.30 所示。不论收发距为多少，校正后

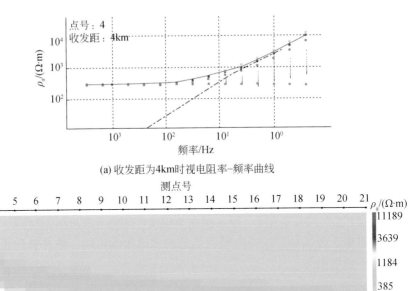

(a) 收发距为4km时视电阻率-频率曲线

(b) 视电阻率-频率拟断面图

图6.29　均匀大地模型 CSAMT 法视电阻率理论响应

的视电阻率均变为300Ω·m，和理论数据一致，说明了校正方法是有效的。

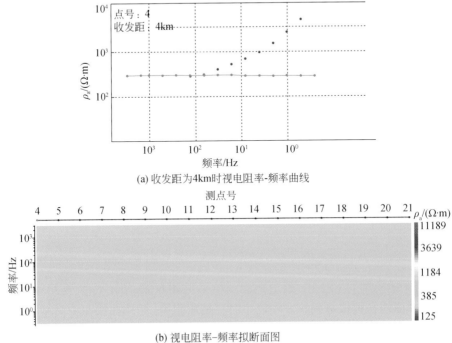

(a) 收发距为4km时视电阻率-频率曲线

(b) 视电阻率-频率拟断面图

图6.30　均匀大地模型不同收发距资料近场校正后的结果

2. 三层电性介质模型近场校正

设计一个三层倾斜地电模型，和 6.2 节中使用的三层倾斜地电模型相同（见图 6.3），第一层和第三层电阻率均为 300Ω·m；第二层电阻率为 100Ω·m，厚度 400m，第一层的厚度从薄变厚，第一个测点处厚度为 100m，后面各测点的厚度依次比前一个测点增加 50m，最后一个测点的厚度为 1100m。在地表上方共有 21 个测点，收发距 12km。

计算该三层倾斜地面模型的 CSAMT 理论响应，见图 6.31。从图 6.31（a）看出低频部分显示为 1000 多 Ω·m 的高阻，这是近场效应造成的。

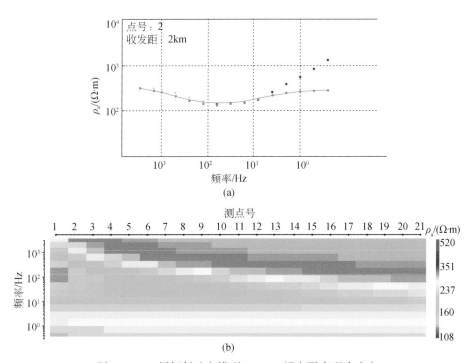

图 6.31 三层倾斜地电模型 CSAMT 视电阻率理论响应

使用本软件进行近场校正，结果如图 6.32 所示。图 6.33 是相同地电模型的大地电磁 MT 理论视电阻率结果。图 6.32 和图 6.33 形态基本一致，说明近场校正是正确的。

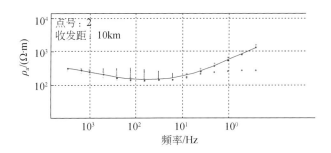

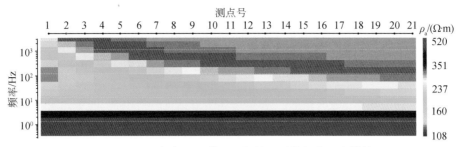

图 6.32　三层倾斜地电模型近场校正后的视电阻率结果

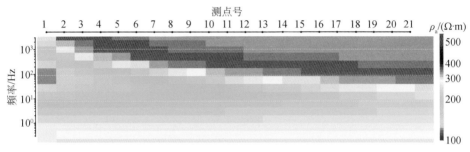

图 6.33　三层倾斜地电模型 MT 视电阻率理论响应

6.6　MT 参数计算

MT 预处理软件中的参数计算模块采用《大地电磁测深法》（陈乐寿等，1990）一书中的方法进行，具体方法请参考此论著。

计算的参数包括：各模式的视电阻率和阻抗相位（ρ_{xx}，φ_{xx}；ρ_{xy}，φ_{xy}；ρ_{yx}，φ_{yx}；ρ_{yy}，φ_{yy}；ρ_{inv}，φ_{inv}）、阻抗电性主轴、阻抗二维偏离度、阻抗椭率、倾子振幅、倾子相位、倾子主轴、倾子二维偏离度、倾子椭率、倾子实分量、倾子虚分量、倾子实分量主轴、倾子虚分量主轴、各场分量的功率谱、各场分量的信噪比、各场分量间的相关性。

MT 预处理软件导入的是功率谱数据，用功率谱数据不仅可计算出视电阻率和阻抗相位，而且可计算出 40 多个二级参数，帮助解释资料，软件同时具有电性轴旋转和参考道选择功能。

6.7　实测数据处理

6.7.1　CSAMT 勘探实测数据处理

实测 CSAMT 资料为 SEP 系统在辽宁兴城杨家杖子获得的数据。以本次试验第 2 条测线上的数据为例，使用本软件进行数据预处理，该测线剖面长 3.76km，共 189 个测点，发射距 13km。关于此次试验的详细介绍请参考本书第 9 章。

　　图 6.34 是 SEP 系统在 L2 线采集到的原始视电阻率和阻抗相位拟断面图，图 6.35 是经过去噪处理的视电阻率和阻抗相位拟断面图，由于该区干扰相对较小，断面均较为连续。

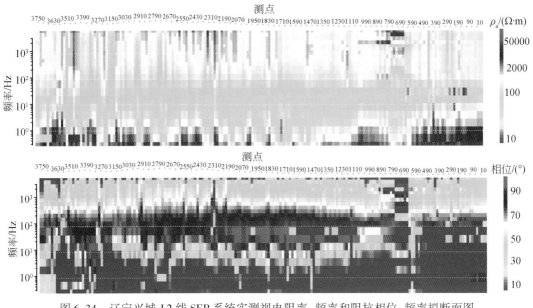

图 6.34　辽宁兴城 L2 线 SEP 系统实测视电阻率–频率和阻抗相位–频率拟断面图

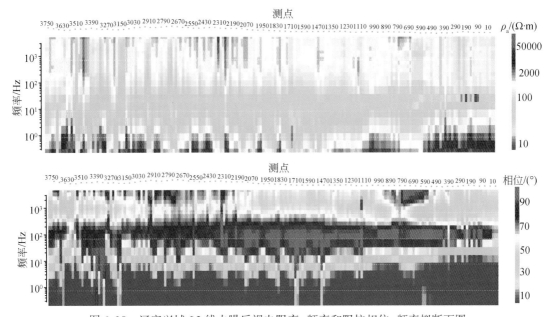

图 6.35　辽宁兴城 L2 线去噪后视电阻率–频率和阻抗相位–频率拟断面图

　　图 6.36 为经过各项校正后的视电阻率–频率拟断面图，上图为地形校正结果，中图为静态校正结果，下图为近场校正结果。经过各项校正后，受近场效应影响的深部高阻区域得到明显压制，一定程度上还原了深部地层的真实电阻率。

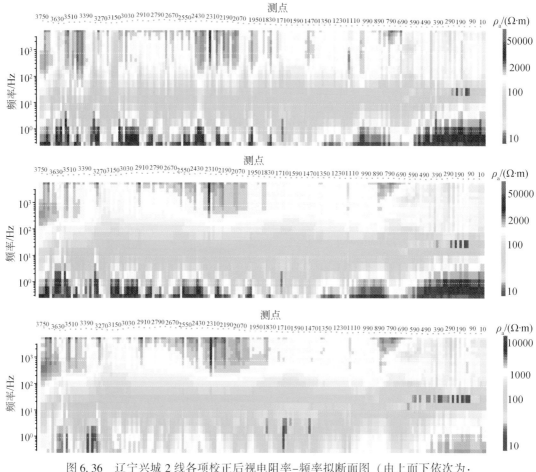

图 6.36　辽宁兴城 2 线各项校正后视电阻率–频率拟断面图（由上而下依次为：
地形校正，静态校正，近场校正）

6.7.2　MT 勘探实测数据处理

MT 方法的实测资料为东北某试验区 MT 勘探数据，剖面长 8.4km，43 个测点。图 6.37 为野外实测视电阻率–频率拟断面图和阻抗相位–频率拟断面图。从视电阻率与阻抗相位断面图可以看出，低频干扰大，特别是在测线后半段，干扰较为严重（见图中右下部分）。

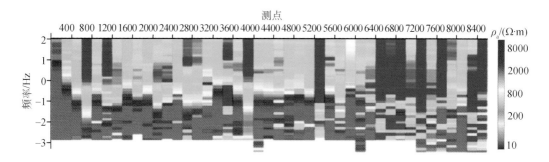

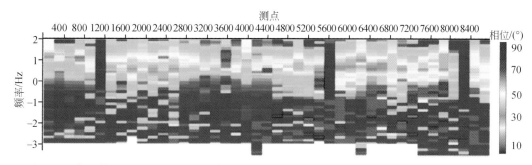

图 6.37　东北某测线 MT 实测视电阻率和相位–频率拟断面图（上：视电阻率；下：阻抗相位）

图 6.38 为采用研发的 MT 预处理软件，进行去噪处理后的视电阻率–频率拟断面图和阻抗相位–频率拟断面图，明显看到两断面图低频部分更为连续，更符合实际地电特征。

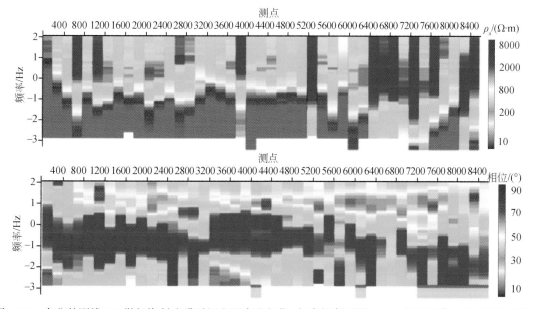

图 6.38　东北某测线 MT 勘探资料去噪后视电阻率和相位–频率拟断面图（上：视电阻率；下：阻抗相位）

图 6.39 为采用自主开发的预处理软件进行静态校正后的视电阻率–频率拟断面图，从中可见明显改善了由于地表不均匀电性异常体而引起的条带状异常，如图中测线尾部 100Hz ~ 100s 范围内，大面积低阻条带异常得以消除。

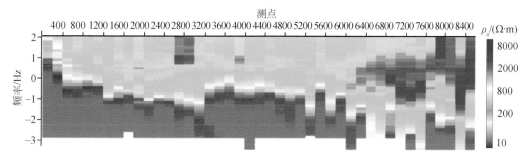

图 6.39　东北某测线 MT 勘探资料静态校正后视电阻率–频率拟断面图

参 考 文 献

陈乐寿 . 1990. 大地电磁测深法 . 北京：地质出版社

陈清礼，胡文宝，李金铭 . 1999. 利用地表电阻率校正大地电磁静态偏移 . 物探与化探，23（4）：289～295

底青云，王若，等 . 2008. 可控源音频大地电磁数据正反演及方法应用 . 北京：科学出版社

方文藻，李予国 . 1993. 用瞬变电磁测深校正 MT 静态 . 北京：地震出版社

何继善 . 1990. 可控源音频大地电磁法 . 长沙：中南工业大学出版社

鲁新便，田春来，李狄 . 1995. 瞬变电磁测深法在大地电磁测深曲线静校正中的作用 . 石油物探，
　34（2）：86～95

罗延钟 . 1991. 可控源音频大地电磁法的静态效应校正 . 物探与化探，15：196～202

牛之琏 . 2007. 时间域电磁法原理 . 长沙：中南大学出版社

姚治龙，王庆乙，胡玉平，等 . 2001. 利用 TEM 测深校正 MT 静态偏移的技术问题 . 地震地质，23（2）：
　257～263

第7章 地面电磁数据正演模拟

正演模拟是反演和资料解释的基础，所有的迭代反演和处理解释都是建立在正演模拟基础之上的，每次反演迭代都要进行多次正演计算，正演算法的正确性和精度将直接决定反演结果的可靠性。所以，开发反演程序之前，一定要先开发正演模拟程序。

针对 MT 与 CSAMT 这两种方法，SEP 系统设计了 4 套正演模拟软件，分别是二维 MT 正演模拟软件、三维 MT 正演模拟软件、二维 CSAMT（2.5 维 CSAMT）正演模拟软件和三维 CSAMT 正演模拟软件。在这几个软件中，除了二维 CSAMT（2.5 维 CSAMT）正演模拟用有限单元法外，其他三个软件均采用有限差分方法。本章分为四节，分别对这四套软件所用的方法技术及应用效果进行阐述。

7.1 大地电磁二维正演

大地电磁法是一种以岩石电性差异为基础、通过观测天然的交变电磁场来研究地球电性结构的地球物理方法。它以天然电磁场为场源，不用人工供电，成本低，操作方便，具有不受高阻屏蔽、对良导体分辨率高的特点。目前，在二维介质中大地电磁测深正演方法已相对成熟，常用的正演模拟方法有有限差分法、有限元法和积分方程法等。本书所用的二维大地电磁正演算法是有限差分法。

7.1.1 大地电磁正演模拟理论

电磁波在介质中传播时满足麦克斯韦方程组。时间域的麦克斯韦方程组可表述如下

$$\left.\begin{aligned} \nabla \times \boldsymbol{E} &= -\frac{\partial \boldsymbol{B}}{\partial t} \\ \nabla \times \boldsymbol{H} &= \boldsymbol{j} + \frac{\partial \boldsymbol{D}}{\partial t} \\ \nabla \cdot \boldsymbol{B} &= 0 \\ \nabla \cdot \boldsymbol{D} &= q \end{aligned}\right\} \tag{7.1}$$

其中，$\boldsymbol{j} = \sigma\boldsymbol{E}$ 表示电流密度，$\boldsymbol{B} = \mu\boldsymbol{H}$ 表示磁感应强度，$\boldsymbol{D} = \varepsilon\boldsymbol{E}$ 表示电位移矢量，q 为电荷密度。将方程组进行傅里叶变换，忽略位移电流，可得频率域中麦克斯韦方程组的微分表达式

$$\left.\begin{aligned} \nabla \times \boldsymbol{E} &= \mathrm{i}\omega\mu_0\boldsymbol{H} \\ \nabla \times \boldsymbol{H} &= \sigma\boldsymbol{E} \\ \nabla \cdot \boldsymbol{H} &= 0 \\ \nabla \cdot \boldsymbol{E} &= 0 \end{aligned}\right\} \tag{7.2}$$

式中，ω 是角频率。

假设地下电性结构为二维半空间（$z \geqslant 0$），地质体走向沿 y 轴方向，z 轴垂直向下，如图 7.1 所示。

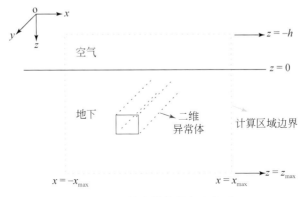

图 7.1 二维电性结构与坐标系

当平面电磁波以任意角度入射地面时，地下介质中的电磁波几乎垂直地向下传播。由于走向方向是 y 轴方向，相应的电磁场为二维电磁场，所以电磁场沿走向方向是均匀的，即下式成立。

$$\frac{\partial \boldsymbol{E}}{\partial y} = \frac{\partial \boldsymbol{H}}{\partial y} = 0 \tag{7.3}$$

将式（7.3）代入式（7.2），并写成标量形式，可得两组独立的方程组，分别如下式所示。

对于 TE 模式：

$$\left.\begin{array}{l} \dfrac{\partial H_x}{\partial z} - \dfrac{\partial H_z}{\partial x} = \sigma E_y \\[2mm] H_x = -\dfrac{1}{\mathrm{i}\omega\mu_0}\dfrac{\partial E_y}{\partial z} \\[2mm] H_z = \dfrac{1}{\mathrm{i}\omega\mu_0}\dfrac{\partial E_y}{\partial x} \end{array}\right\} \tag{7.4}$$

对于 TM 模式：

$$\left.\begin{array}{l} \dfrac{\partial E_x}{\partial z} - \dfrac{\partial E_z}{\partial x} = \mathrm{i}\omega\mu_0 H_y \\[2mm] E_x = -\rho\dfrac{\partial H_y}{\partial z} \\[2mm] E_z = \rho\dfrac{\partial H_y}{\partial x} \end{array}\right\} \tag{7.5}$$

其中，ρ 为电阻率，即电导率的倒数。分别将方程组（7.4）和（7.5）中的第二、三式代入到第一式，可得到电场 y 分量 E_y 和磁场 y 分量 H_y 满足的偏微分方程

$$\frac{\partial^2 E_y}{\partial x^2} + \frac{\partial^2 E_y}{\partial z^2} = -\,\mathrm{i}\omega\mu_0\sigma E_y \tag{7.6}$$

$$\frac{\partial}{\partial x}\left(\rho\,\frac{\partial H_y}{\partial x}\right) + \frac{\partial}{\partial z}\left(\rho\,\frac{\partial H_y}{\partial z}\right) = -\,\mathrm{i}\omega\mu_0 H_y \tag{7.7}$$

要求解方程（7.6）和（7.7），必须给出特定的边界条件。对于图 7.1 所示的二维电性结构模型，计算区域由空中顶边界（$z = -h$）、地下底边界（$z = z_{\max}$）和两个侧边界（$x = x_{\max}$、$x = -x_{\max}$）所界定。

对于 TE 极化模式，计算区域顶边界为 $z = -h$，离地面足够远，该处的异常场为零，E_y 为恒定值，在 $z = -h$ 处的电场值可取为

$$\left.\frac{\partial E_y}{\partial z}\right|_{z=-h} = \mathrm{i}\omega\mu_0 \tag{7.8}$$

对于 TM 极化模式，在计算区域顶边界为 $z = 0$ 处，H_y 为恒定值，其值可取为

$$H_y\big|_{z=0} = 1 \tag{7.9}$$

对于 $z = z_{\max}$（$z_{\max}$ 为计算区域的底边界）以下的区域，可视为均匀半空间介质。当 $z = z_{\max}$ 以下区域电阻率给定后，$z = z_{\max}$ 上的 E_y 和 H_y 值即可通过一维正演计算给定。对于两个侧边界的场值，可将地下介质当作层状均匀介质来处理，作一维正演计算，即可得到两个侧边界上采样点的场值。大地电磁正演模拟实质是求解方程（7.6）~（7.9），而方程（7.6）和（7.7）都是连续的偏微分方程，求其解析解非常困难，通常求其数值解。目前，主要的数值模拟算法有：有限差分法、有限单元法和积分方程法。本书所用的正演算法是有限差分法。利用有限差分法，将微分方程离散化，最终可将方程（7.6）和（7.7）组成的方程组写为线性代数方程组

$$\boldsymbol{Ku} = \boldsymbol{s} \tag{7.10}$$

其中，$\boldsymbol{K}$ 为对称的稀疏复系数矩阵，$\boldsymbol{u}$ 为网格采样点的 E_y 或 H_y 组成的列向量，右端向量 $\boldsymbol{s}$ 为与频率和网格单元电阻率有关的已知列向量。求解方程组（7.10）后，分别根据方程组（7.4）和（7.5）中的第二式便可求出 H_x 和 E_x。

根据求得的场值，即可求出在地表观测点处的视电阻率和相位。TE 极化模式的视电阻率和相位分别为

$$\rho_a^{\mathrm{TE}} = \frac{1}{\omega\mu}\left|\frac{\langle E_y\rangle}{\langle H_x\rangle}\right|^2 \tag{7.11}$$

$$\varphi^{\mathrm{TE}} = \arctan\left[\mathrm{Im}\!\left(\frac{\langle E_y\rangle}{\langle H_x\rangle}\right)\Big/\mathrm{Re}\!\left(\frac{\langle E_y\rangle}{\langle H_x\rangle}\right)\right] \tag{7.12}$$

其中，$\langle E_y\rangle$ 和 $\langle H_x\rangle$ 分别为 E_y 和 H_x 在观测点的场值。

同理，TM 极化模式的视电阻率和相位表达式分别为

$$\rho_a^{\mathrm{TM}} = \frac{1}{\omega\mu}\left|\frac{\langle E_x\rangle}{\langle H_y\rangle}\right|^2 \tag{7.13}$$

$$\varphi^{\mathrm{TM}} = \arctan\left[\mathrm{Im}\!\left(\frac{\langle E_x\rangle}{\langle H_y\rangle}\right)\Big/\mathrm{Re}\!\left(\frac{\langle E_x\rangle}{\langle H_y\rangle}\right)\right] \tag{7.14}$$

7.1.2　大地电磁二维正演算例

为了检验大地电磁二维正演算法的可靠性，设计了一个理论模型，分别用自主开发的有限差分（FD）正演算法和前人开发的有限元（FE）正演算法进行正演计算，并对两者的计算结果进行对比，以验证自主开发的有限差分正演算法的正确性及精度。

假设在电阻率为 $100\Omega \cdot m$ 的均匀半空间中存在一个低阻板状体，异常体的电阻率为 $10\Omega \cdot m$，异常体的空间分布及计算区域的网格剖分如图 7.2 所示，剖面长度 8km。选取了 $0.00055 \sim 320$Hz 不等间距的 40 个频率，并在地表设计了 63 个观测点进行正演计算。两种方法计算所得的视电阻率和相位响应分别如图 7.3 和图 7.4 所示。图 7.3 是有限差分

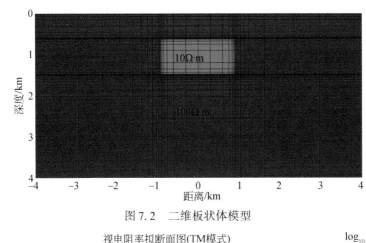

图 7.2　二维板状体模型

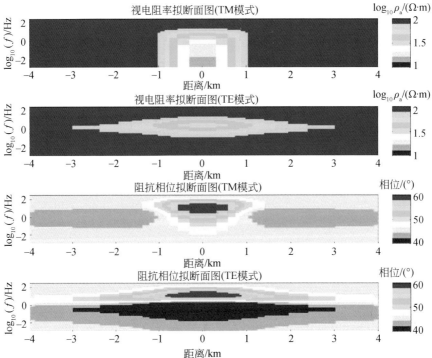

图 7.3　二维模型有限差分法 MT 正演响应

法的计算结果，图 7.4 是有限元法的计算结果，这两幅图从上至下依次是 TM 模式视电阻率拟断面图、TE 模式视电阻率拟断面图、TM 模式阻抗相位拟断面图和 TE 模式阻抗相位拟断面图。

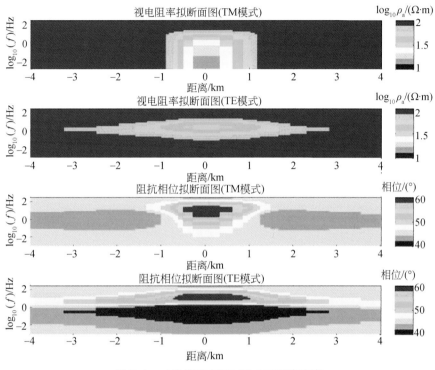

图 7.4　二维模型有限元法 MT 正演响应

对比图 7.3 和图 7.4 可以看出，两种方法的正演响应基本一致。图 7.5 为两种方法在原点即第 32 个接收点的视电阻率–频率和相位–频率曲线图，其中有"∗"的红色曲线代表采用自主研发的有限差分软件计算的结果，蓝色曲线代表有限元法计算的结果。从该图可以看出，两种方法计算得到的 TE 模式和 TM 模式的数据曲线吻合很好，经计算，两者均方根误差为 1.02，表明有限差分算法满足精度要求。

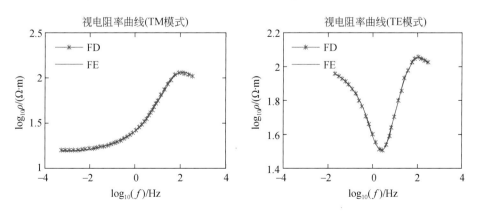

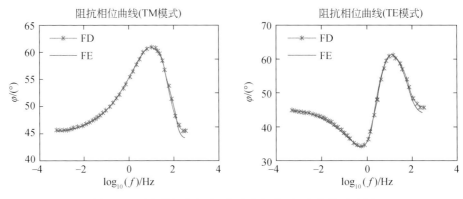

图 7.5　原点处视电阻率–频率和相位–频率曲线对比图

由上述理论模型的正演模拟结果可以看出，自主开发的二维有限差分正演软件可靠，可以用于后续的反演计算。

7.2　大地电磁三维正演

地球物理常用的数值模拟方法（如有限单元法、有限差分法、积分方程法等）一般都可用于求解大地电磁三维正演问题。考虑到对计算资源的需求、能否保证场值的分布满足能量守恒定律和适用于解反演问题等诸多因素，在大地电磁三维正演计算中，目前研究和应用最多的是交错采样有限差分法。本节内容将围绕三维有限差分数值模拟方法的具体实现而展开。

7.2.1　交错采样有限差分法

1. 大地电磁场满足的方程

电磁场在介质中的传播满足麦克斯韦方程组，假定电磁场随时间变化的因子为 $\mathrm{e}^{i\omega t}$，麦克斯韦方程组可以用微分形式或积分形式来表述。相对于麦克斯韦方程组的微分形式，积分形式的物理意义更为明确，可以直观地从几何尺寸关系上理解安培定律和法拉第定律间的耦合关系。从数值模拟的角度，积分形式不存在近似偏导数项。在后面的大地电磁三维有限差分数值模拟算法中，我们将积分形式的麦克斯韦方程组作为出发点进行离散化。

麦克斯韦方程组的积分形式为

$$\oint \boldsymbol{H} \cdot \mathrm{d}\boldsymbol{l} = \iint \boldsymbol{J} \cdot \mathrm{d}\boldsymbol{S} = \iint \sigma \boldsymbol{E} \cdot \mathrm{d}\boldsymbol{S} \tag{7.15}$$

$$\oint \boldsymbol{E} \cdot \mathrm{d}\boldsymbol{l} = \iint \mathrm{i}\mu_0 \omega \boldsymbol{H} \cdot \mathrm{d}\boldsymbol{S} \tag{7.16}$$

其中，$\boldsymbol{J}$ 表示电流密度，且满足 $\boldsymbol{J} = \sigma \boldsymbol{E}$，$\sigma$ 为电导率。

2. 交错采样网格化

采用数值模拟方法计算电磁场的分布，需要将积分或微分方程的连续形式转化成离散的形式。首先需要对地下半空间（电性参数和几何尺寸）进行离散，即沿 x、y、z 三个坐标轴方向，分别用若干平行的平面以不同的间距将下半空间划分成若干个小的网格单元。坐标轴的方位见图 7.6。

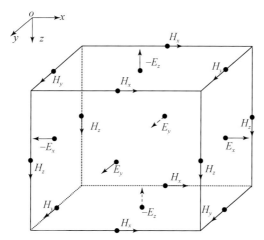

图 7.6　交错采样网格中不同场分量采样位置示意图

在用有限单元或有限差分法对二维地电断面进行数值模拟时，电场、磁场离散值的采样点往往取在同一网格节点上。而在模拟三维地电断面时，则更多地采用交错网格剖分方式（Yee，1966）。在交错采样网格中，电场、磁场离散值采样点的位置如图 7.6 所示：磁场取在各网格单元棱边的中点，电场取在各网格单元表面的中心。

交错采样网格的最大特点是能自动保证电磁场分布遵守能量守恒定律，在求得电（或磁）场的分布后，可以方便地求得磁（或电）场的分布。

假设计算区域沿 x 轴方向被剖分成 N_x 段，每段的编号 i 沿 x 轴方向递增，$i = 1$，2，$\cdots$，N_x，网格间距为 $\Delta x_i(i = 1, \cdots, N_x)$；计算区域沿 y 轴方向被剖分成 N_y 段，每段的编号 j 沿 y 轴方向递增，$j = 1$，2，$\cdots$，N_y，网格间距为 $\Delta y_j(j = 1, \cdots, N_y)$；计算区域沿 z 轴方向被剖分成 N_z 段，每段的编号 k 沿 z 轴方向递增，$k = 1$，2，$\cdots$，N_z，网格间距为 $\Delta z_k(k = 1, \cdots, N_z)$。

对于某一小的长方体网格单元 (i, j, k)，设单元的长度、宽度和高度分别为 Δx_i、Δy_j、Δz_k，单元的电阻率为 $\rho(i, j, k)$。单元的六个电、磁场分量的采样点位置如图 7.7 所示。定义 $H_x(i, j, k)$、$H_y(i, j, k)$、$H_z(i, j, k)$ 分别为对应棱边磁场的平均值；$E_x(i, j, k)$、$E_y(i, j, k)$、$E_z(i, j, k)$ 分别为对应平面中心点电场的平均值。

3. 麦克斯韦方程组积分形式的离散化

对计算区域按交错网格剖分后，即可对连续的积分方程（7.15）和（7.16）进行离散化处理。

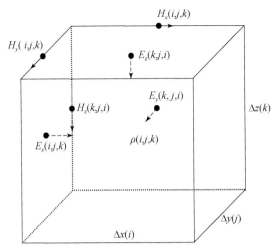

图 7.7　某网格单元的各场分量、电性及几何参数示意图

对于积分方程（7.15），按电流密度 $\boldsymbol{J}$ 的分量形式离散化为

$$\left[H_z(i,\,j+1,\,k) - H_z(i,\,j,\,k) \right] \cdot \Delta z(k) - \left[H_y(i,\,j,\,k+1) - H_y(i,\,j,\,k) \right] \cdot \Delta y(j)$$
$$= J_x(i,\,j,\,k) \cdot \Delta y(j) \cdot \Delta z(k) \tag{7.17}$$

$$\left[H_x(i,\,j,\,k+1) - H_x(i,\,j,\,k) \right] \cdot \Delta x(i) - \left[H_z(i+1,\,j,\,k) - H_z(i,\,j,\,k) \right] \cdot \Delta z(k)$$
$$= J_y(i,\,j,\,k) \cdot \Delta x(i) \cdot \Delta z(k) \tag{7.18}$$

$$\left[H_y(i+1,\,j,\,k) - H_y(i,\,j,\,k) \right] \cdot \Delta y(j) - \left[H_x(i,\,j+1,\,k) - H_x(i,\,j,\,k) \right] \cdot \Delta x(i)$$
$$= J_z(i,\,j,\,k) \cdot \Delta x(i) \cdot \Delta y(j) \tag{7.19}$$

定义在各电场分量采样点处的电阻率值为相邻网格单元电阻率的平均值，则电场 $\boldsymbol{E}$ 和电流密度 $\boldsymbol{J}$ 的离散关系为

$$E_x(i,\,j,\,k) = \frac{\rho(i,\,j,\,k) + \rho(i-1,\,j,\,k)}{2} \cdot J_x(i,\,j,\,k) \tag{7.20}$$

$$E_y(i,\,j,\,k) = \frac{\rho(i,\,j,\,k) + \rho(i,\,j-1,\,k)}{2} \cdot J_y(i,\,j,\,k) \tag{7.21}$$

$$E_z(i,\,j,\,k) = \frac{\rho(i,\,j,\,k) + \rho(i,\,j,\,k-1)}{2} \cdot J_z(i,\,j,\,k) \tag{7.22}$$

同样，对于积分方程式（7.16），按磁场的各分量离散化为

$$\left[E_z(i,\,j,\,k) - E_z(i,\,j-1,\,k) \right] \cdot \frac{\Delta z(k-1) + \Delta z(k)}{2} - \left[E_y(i,\,j,\,k) - E_y(i,\,j,\,k-1) \right]$$
$$\cdot \frac{\Delta y(j-1) + \Delta y(j)}{2} = \mathrm{i}\mu_0 \omega H_x(i,\,j,\,k) \cdot \frac{\Delta z(k-1) + \Delta z(k)}{2} \cdot \frac{\Delta y(j-1) + \Delta y(j)}{2} \tag{7.23}$$

$$\left[E_x(i,\,j,\,k) - E_x(i,\,j,\,k-1) \right] \cdot \frac{\Delta x(i-1) + \Delta x(i)}{2} - \left[E_z(i,\,j,\,k) - E_z(i-1,\,j,\,k) \right]$$
$$\cdot \frac{\Delta z(k-1) + \Delta z(k)}{2} = \mathrm{i}\mu_0 \omega H_y(i,\,j,\,k) \cdot \frac{\Delta x(i-1) + \Delta x(i)}{2} \cdot \frac{\Delta z(k-1) + \Delta z(k)}{2}$$

$$\tag{7.24}$$

$$\left[E_y(i,\ j,\ k) - E_y(i-1,\ j,\ k) \right] \cdot \frac{\Delta y(j-1) + \Delta y(j)}{2} - \left[E_x(i,\ j,\ k) - E_x(i,\ j-1,\ k) \right]$$

$$\cdot \frac{\Delta x(i-1) + \Delta x(i)}{2} = \mathrm{i}\mu_0 \omega H_z(i,\ j,\ k) \cdot \frac{\Delta x(i-1) + \Delta x(i)}{2} \cdot \frac{\Delta y(j-1) + \Delta y(j)}{2}$$

$$(7.25)$$

4. 磁场分量间满足的关系式

根据图 7.8，对于位于研究区域内部的 $H_y(i,\ j,\ k)$ 分量（ $1 < i \leqslant N_x$ ，$1 \leqslant j \leqslant N_y$ ，$1 < k \leqslant N_z$ ），它完全由电场分量 $E_x(i,\ j,\ k)$ 、$E_x(i,\ j,\ k-1)$ 、$E_z(i-1,\ j,\ k)$ 、$E_z(i,\ j,\ k)$ 根据关系式（7.24）来确定。而电场分量 $E_x(i,\ j,\ k)$ 、$E_x(i,\ j,\ k-1)$ 、$E_z(i-1,\ j,\ k)$ 、$E_z(i,\ j,\ k)$ 又通过积分方程式（7.15）的离散形式分别与周围的磁场分量联系在一起。

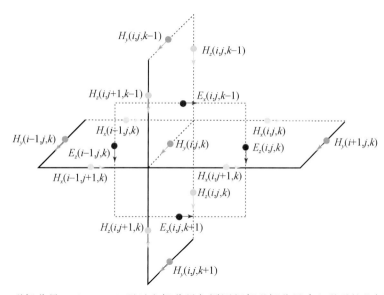

图 7.8　磁场分量 $H_y(i,\ j,\ k)$ 通过电场分量与周围相邻磁场分量建立联系的几何关系图

由此，可建立起 $H_y(i,\ j,\ k)$ 与周围相邻 12 个磁场分量的线性关系。这样，对于位于研究区域内部的每一个单元内的 $H_y(i,\ j,\ k)$ 分量均可形成一个线性方程。因为待求解的 $H_y(i,\ j,\ k)$ 分量的总数为 $(N_x - 1) \cdot N_y \cdot (N_z - 1)$ ，所以根据 $H_y(i,\ j,\ k)$ 分量可以形成 $(N_x - 1) \cdot N_y \cdot (N_z - 1)$ 个方程。

同理，可从 $H_x(i,\ j,\ k)$ 出发形成 $N_x \cdot (N_y - 1) \cdot (N_z - 1)$ 个方程，从 $H_z(i,\ j,\ k)$ 出发形成 $(N_x - 1) \cdot (N_y - 1) \cdot N_z$ 个方程。

到现在为止，在研究区域内部待求解的未知数个数为

$$N_x \cdot (N_y - 1) \cdot (N_z - 1) + (N_x - 1) \cdot N_y \cdot (N_z - 1) + (N_x - 1) \cdot (N_y - 1) \cdot N_z$$

需注意到，只有在给出研究区域各边界上的场值后，才能完全确定线性代数方程组的解。

7.2.2　边界条件

对于大地电磁正演模拟，天然场源在计算区域之外，它们在计算区域边界上产生的场和场的空间导数认为已知。三维介质计算区域如图 7.9 所示，所要求解场值的区域由空中顶边界（$z = -z_{air}$）、地下底边界（$z = z_n$）和四个侧边界（$x = x_0$，$x = x_l$，$y = y_0$，$y = y_m$）所界定。对积分方程离散化后，为了求出研究区域内部所有采样点上的场值，需要给出研究区域边界上的场值，即边界条件。

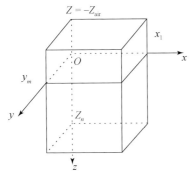

图 7.9　三维研究区域示意图

1. 空中顶边界

取 $z = -z_{air}$ 面上采样点处的场值为源场值（场值已知）。

2. 地下底边界

$z = z_n$ 以下的区域，可视为由均匀半空间或层状介质组成。当该区域内的电阻率和厚度给定后，在面 $z = z_n$ 上的阻抗值 Z_{xy} 或 Z_{yx} 即可确定。

$$Z_{xy} = \frac{E_x}{H_y} = -\frac{1}{H_y} \cdot \frac{\partial H_y}{\partial z} \tag{7.26}$$

$$Z_{yx} = \frac{E_y}{H_x} = \frac{1}{H_x} \cdot \frac{\partial H_x}{\partial z} = -Z_{xy} \tag{7.27}$$

3. 四个侧边界

计算每个侧边界上的场值时，取与三维模拟时相同的电阻率和相同的剖分网格，针对不同的场源激发方式分别作二维正演计算，即可得到四个侧边界上采样点处的场值。

具体的边界条件见表 7.1。

表 7.1　各侧边界条件的取值

平面	激发源	边界值
$x = x_0$	h_x，e_y	TM 模式场值
	h_y，e_x	TE 模式场值
$x = x_l$	h_x，e_y	TM 模式场值
	h_y，e_x	TE 模式场值
$y = y_0$	h_x，e_y	TE 模式场值
	h_y，e_x	TM 模式场值
$y = y_m$	h_x，e_y	TE 模式场值
	h_y，e_x	TM 模式场值

结合基于交错网格离散化的场方程和边界条件，构成大地电磁三维正演模拟方程组。

7.2.3　解大型线性代数方程组的共轭梯度法

在边界条件给定后，需要求解的未知数个数（待求各磁场分量的总数）达到 N 个：

$$N = N_x \cdot (N_y - 1) \cdot N_z + (N_x - 1) \cdot N_y \cdot N_z + (N_x - 1) \cdot (N_y - 1) \cdot N_z \quad (7.28)$$

将得到的线性方程组记为

$$Ax = b \quad (7.29)$$

其中，A 为 $N \times N$ 阶对称的大型稀疏系数矩阵，每行中至多有 13 个非零元素；x 为由待求解的各网格单元采样点处磁场三分量组成的列向量，长度为 N；b 为与源及边界场值有关的列向量，长度也为 N。

在 SEP 系统中，采用不完全 Cholesky 双共轭梯度法求解方程（7.29）所示的线性代数方程组。

7.2.4　三维张量阻抗元素的计算

在大地电磁野外资料采集过程中，我们记录的原始时间序列资料是由背景场和感应场叠加形成的总场，把观测到的各个场分量的频谱简记为 E_x^T、E_y^T、H_x^T、H_y^T。以后所提到的电场、磁场值均是指它们的频谱值。由它们所确定的张量阻抗元素满足下面的关系式

$$\begin{pmatrix} E_x^T \\ E_y^T \end{pmatrix} = \begin{pmatrix} Z_{xx} & Z_{xy} \\ Z_{yx} & Z_{yy} \end{pmatrix} \begin{pmatrix} H_x^T \\ H_y^T \end{pmatrix} \quad (7.30)$$

对于大地电磁场源 S 的作用，总可以看成是两个正交的场源 SX 和 SY 等效作用的结果。

在场源 SX 的作用下，在地面上观测到的电磁场总场的分量值分别记为 H_x^{SX}、H_y^{SX}、E_x^{SX}、E_y^{SX}。同样地，在场源 SY 的作用下，在地面上观测到的电磁场总场的分量值分别记为 H_x^{SY}、H_y^{SY}、E_x^{SY}、E_y^{SY}。

这样，在大地电磁场源 S 的作用下，产生的总电磁场分别为场源 SX 产生的电磁场和场源 SY 产生的电磁场叠加的结果。由此可以得到下面的张量阻抗元素的计算公式：

$$Z_{xx} = \frac{E_x^{SX} H_y^{SY} - E_x^{SY} H_y^{SX}}{H_x^{SX} H_y^{SY} - H_x^{SY} H_y^{SX}}$$

$$Z_{xy} = \frac{E_x^{SY} H_x^{SX} - E_x^{SX} H_x^{SY}}{H_x^{SX} H_y^{SY} - H_x^{SY} H_y^{SX}}$$

$$Z_{yx} = \frac{E_y^{SX} H_y^{SY} - E_y^{SY} H_y^{SX}}{H_x^{SX} H_y^{SY} - H_x^{SY} H_y^{SX}} \quad (7.31)$$

$$Z_{yy} = \frac{E_y^{SY} H_x^{SX} - E_y^{SX} H_x^{SY}}{H_x^{SX} H_y^{SY} - H_x^{SY} H_y^{SX}}$$

这是一个通用公式，其中场源形式可以是磁场，也可以是电场。该公式适用于各种地质情况。

这样，用三维正演模拟程序计算出各场值后，可计算出张量阻抗元素。按照下面的公式可进一步计算大地电磁响应函数——视电阻率 ρ_a 和相位 φ。

$$(\rho_a)_{ij} = \frac{1}{\omega\mu_0}\mid Z_{ij}\mid^2$$

$$\varphi_{ij} = \mathrm{Arg}Z_{ij}$$

(7.32)

其中，$i = x$，y 和 $j = x$，y。

7.2.5 大地电磁三维正演算例

通过一个三维棱柱体地电模型来说明大地电磁三维数值模拟程序的应用效果。

设计的三维棱柱体模型如图 7.10 所示。三维棱柱体的几何尺寸为 6km×6km×3km，顶面埋深为 3km，电阻率为 $10\Omega\cdot m$，围岩电阻率为 $100\Omega\cdot m$。

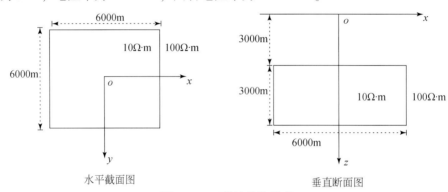

图 7.10 三维棱柱体模型

在对三维棱柱体模型进行正演模拟时，采用下面的参数设置：

x、y、z 方向剖分网格单元数（N_z 不包括空中部分）：$N_x = 38$，$N_y = 38$，$N_z = 25$

各网格单元沿 x 方向的剖分间隔 $\Delta x_i(i = 1，N_x)$（单位 m）：

  8000 8000 8000 5500 3750 2500 1700 1125 750 500 250 250

  250 250 500 500 500 500 500 500 500 500 500 500 250 250

  250 250 500 750 1125 1700 2500 3750 5500 8000 8000 8000

各网格单元沿 y 方向的剖分间隔 $\Delta y_i(i = 1，N_y)$（单位 m）：

  8000 8000 8000 5500 3750 2500 1700 1125 750 500 250 250

  250 250 500 500 500 500 500 500 500 500 500 500 250 250

  250 250 500 750 1125 1700 2500 3750 5500 8000 8000 8000

各网格单元沿 z 方向的剖分间隔 $\Delta z_k(k = 1，N_z)$（单位 m）：

  250 250 500 500 500 500 250 250 250 250 500 500 500 500

  500 500 750 1125 1700 2500 3750 5500 8000 8000 8000

频率：$f = 3$，1，0.3，0.1Hz

图 7.11 和图 7.12 所示的是三维棱柱体模型不同频率的视电阻率和相位平面色阶图。由于所设计的模型在水平面内是对称的，因而，所有响应的平面图本身都是对称的；而且对于同一频率，xy 模式响应的平面图旋转 90° 后和 yx 模式响应的平面图是相同的。

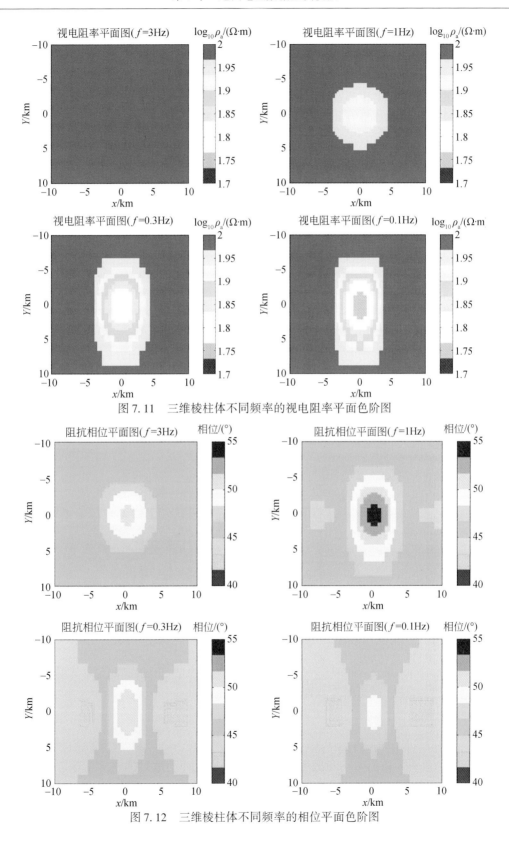

图 7.11　三维棱柱体不同频率的视电阻率平面色阶图

图 7.12　三维棱柱体不同频率的相位平面色阶图

7.3　可控源音频大地电磁二维正演

人工源的存在使得可控源音频大地电磁正演计算比大地电磁法正演计算更为复杂，对源的合理处理是影响正演算法的准确性与效率的关键因素。除此之外，和大地电磁法相同，正演算法还涉及偏微方程计算、线性方程求解、一次场计算等一系列的问题。

在本节中，直接计算散射场（二次场）既可以避免场源所引起的奇异性，还可以减小计算区域。

7.3.1　2.5 维有限元数值模拟

在人工源电磁法中，经常会遇到构造近似是二维的，但所用的源是有限长度的情况。当勘探区与源相距很远时，有限长度的源又可看成是偶极源，在大地介质中激发三维电磁场，这种情况称为 2.5 维问题。针对这类问题，可应用傅里叶变换，将三维问题转化为二维问题。相对于三维问题来说，2.5 维问题减小了正演稀疏矩阵的大小，为有限元法求解提供了便利。此外，在频率波数域内的 2.5 维有限元方程相当于以波数 k_y 为参数，以空间 x,z 为变量的二维有限元方程，大大简化了三维场问题的有限元方程解的求取（底青云等，2004）。

1. 2.5 维电磁场方程

二维正演计算中所用到的模型如图 7.13 所示，y 为走向方向，电阻率沿走向方向不变，仅在 xz 平面内变化。

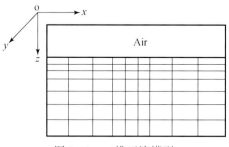

图 7.13　二维正演模型

参考文献（Nabighian，1992），假设时间因子为 $e^{i\omega t}$，并且忽略位移电流的影响，此时，散射场（二次场）满足的麦克斯韦方程组可写为

$$\nabla \times \boldsymbol{E}^s = -i\omega\mu_0 \boldsymbol{H}^s$$
$$\nabla \times \boldsymbol{H}^s = \sigma \boldsymbol{E}^s + \sigma_a \boldsymbol{E}^p \tag{7.33}$$

其中，$\boldsymbol{E}^s$ 和 $\boldsymbol{H}^s$ 分别为散射电场和磁场（二次电磁场），$\boldsymbol{E}^p$ 为散射体（异常体）不存在时的一次电场，σ 为地下介质电导率，μ_0 为自由空间的磁导率，σ_a 为异常电导率，并且满足 $\sigma_a = \sigma - \sigma_0$，$\sigma_0$ 为背景电导率。式（7.33）的适用性较总场公式更加广泛，且精度更高，

可用于不同场源的数值模拟。

对式（7.33）沿走向方向 y 作如下傅里叶变换：

$$\hat{F}(x,k_y,z,\omega)=\int_{-\infty}^{\infty}F(x,y,z,\omega)\mathrm{e}^{-\mathrm{i}k_y y}\mathrm{d}y \tag{7.34}$$

其中，k_y 为 y 方向的波数。得到频率波数域的电场与磁场的耦合方程（7.35）及（7.36）。在此公式及后续的公式中，加"$\wedge$"的变量表示频率波数域的变量，以区分频率空间域的变量。

$$\frac{\partial}{\partial x}\left(\frac{\hat{y}}{k_e^2}\frac{\partial \hat{E}_y^s}{\partial x}\right)+\frac{\partial}{\partial z}\left(\frac{\hat{y}}{k_e^2}\frac{\partial \hat{E}_y^s}{\partial z}\right)-\hat{y}\hat{E}_y^s+\mathrm{i}k_y\left[\frac{\partial}{\partial x}\left(\frac{1}{k_e^2}\right)\frac{\partial \hat{H}_y^s}{\partial z}-\frac{\partial}{\partial z}\left(\frac{1}{k_e^2}\right)\frac{\partial \hat{H}_y^s}{\partial x}\right]$$

$$=\sigma_a\hat{E}_y^p-\mathrm{i}k_y\left[\frac{\partial}{\partial x}\left(\frac{\sigma_a}{k_e^2}\hat{E}_x^p\right)+\frac{\partial}{\partial z}\left(\frac{\sigma_a}{k_e^2}\hat{E}_z^p\right)\right] \tag{7.35}$$

$$\frac{\partial}{\partial x}\left(\frac{\hat{z}}{k_e^2}\frac{\partial \hat{H}_y^s}{\partial x}\right)+\frac{\partial}{\partial z}\left(\frac{\hat{z}}{k_e^2}\frac{\partial \hat{H}_y^s}{\partial z}\right)-\hat{z}\hat{H}_y^s+\mathrm{i}k_y\left[-\frac{\partial}{\partial x}\left(\frac{1}{k_e^2}\right)\frac{\partial \hat{E}_y^s}{\partial z}+\frac{\partial}{\partial z}\left(\frac{1}{k_e^2}\right)\frac{\partial \hat{E}_y^s}{\partial x}\right]$$

$$=\left[\frac{\partial}{\partial x}\left(\frac{\hat{z}\sigma_a}{k_e^2}\hat{E}_z^p\right)-\frac{\partial}{\partial z}\left(\frac{\hat{z}\sigma_a}{k_e^2}\hat{E}_x^p\right)\right] \tag{7.36}$$

其中，$\hat{z}=\mathrm{i}w\mu$，$\hat{y}=\sigma$，$k_e^2=k_y^2-k^2$。式（7.35）和（7.36）即为可控源音频大地电磁 2.5 维正演所使用的电磁场方程。

2. 有限元计算公式

进行有限元计算的第一步是对计算区域进行离散化，针对二维地电结构，本书使用矩形网格单元。应用伽辽金方法可以简单快速地导出离散化的有限元方程计算公式。

参考徐世浙（1994）书中有限元方法的介绍，将地下介质离散成一系列矩形单元，设单元的边长为 a 和 b；x、z 为单元所用的全局坐标系，(x_0,z_0) 为子单元中点的坐标；ξ、η 为母单元中所用的局部坐标系，如图 7.14 所示，它们之间的对应关系为

$$x=x_0+\frac{a}{2}\xi,\ z=z_0+\frac{b}{2}\eta \tag{7.37}$$

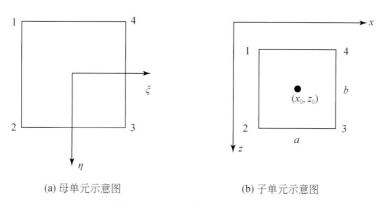

(a) 母单元示意图　　　　　　　　(b) 子单元示意图

图 7.14　矩形单元坐标转化图

插值时所用的线性函数为

$$\begin{cases} N_1 = \dfrac{1}{4}(1-\xi)(1-\eta) \\[2mm] N_2 = \dfrac{1}{4}(1-\xi)(1+\eta) \\[2mm] N_3 = \dfrac{1}{4}(1+\xi)(1+\eta) \\[2mm] N_4 = \dfrac{1}{4}(1+\xi)(1-\eta) \end{cases} \tag{7.38}$$

单元中的场值 u 可以用形函数表示为

$$u = \sum_{i=1}^{4} N_i u_i \tag{7.39}$$

将伽里金方法和格林公式应用到式（7.35）和（7.36）中，具体细节可参考文献（Mitsuhata，2000），便可得到下面的式子

$$\sum_{e=1}^{N_e} \iint_{D_e} \left\{ \frac{\partial N_i^e}{\partial x}\left(\frac{\hat{y}}{k_e^2}\cdot\frac{\partial \hat{e}_y^s}{\partial x}\right) + \frac{\partial N_i^e}{\partial z}\left(\frac{\hat{y}}{k_e^2}\cdot\frac{\partial \hat{e}_y^s}{\partial z}\right) + N_i^e \hat{y}\hat{e}_y^s \right.$$
$$\left. + \frac{\mathrm{i}k_y}{k_e^2}\left(\frac{\partial N_i^e}{\partial x}\cdot\frac{\partial \hat{h}_y^s}{\partial z} - \frac{\partial N_i^e}{\partial z}\cdot\frac{\partial \hat{h}_y^s}{\partial x}\right) \right\} \mathrm{d}x\mathrm{d}z$$
$$= -\sum_{e=1}^{N_e} \iint_{D_e} \left\{ N_i \sigma_a \hat{e}_y^s + \frac{\mathrm{i}k_y \sigma_a}{k_e^2}\left(\frac{\partial N_i}{\partial x}\hat{e}_x^p + \frac{\partial N_i}{\partial z}\hat{e}_z^p\right) \right\} \mathrm{d}x\mathrm{d}z \tag{7.40}$$

$$\sum_{e=1}^{N_e} \iint_{D_e} \left\{ \frac{\partial N_i^e}{\partial x}\left(\frac{\hat{z}}{k_e^2}\cdot\frac{\partial \hat{h}_y^s}{\partial x}\right) + \frac{\partial N_i^e}{\partial z}\left(\frac{\hat{z}}{k_e^2}\cdot\frac{\partial \hat{h}_y^s}{\partial z}\right) + N_i^e \hat{z}\hat{h}_y^s \right.$$
$$\left. + \frac{\mathrm{i}k_y}{k_e^2}\left(-\frac{\partial N_i^e}{\partial x}\cdot\frac{\partial \hat{e}_y^s}{\partial z} + \frac{\partial N_i^e}{\partial z}\cdot\frac{\partial \hat{e}_y^s}{\partial x}\right) \right\} \mathrm{d}x\mathrm{d}z$$
$$= -\sum_{e=1}^{N_e} \iint_{D_e} \left\{ \frac{\hat{z}\sigma_a}{k_e^2}\left(\frac{\partial N_i}{\partial x}\hat{e}_x^p - \frac{\partial N_i}{\partial z}\hat{e}_z^p\right) \right\} \mathrm{d}x\mathrm{d}z \tag{7.41}$$

形成的正演计算矩阵方程形式如下。

$$\begin{bmatrix} \boldsymbol{k}_1 & \boldsymbol{k}_2 \\ \boldsymbol{k}_3 & \boldsymbol{k}_4 \end{bmatrix} \cdot \begin{bmatrix} \boldsymbol{e} \\ \boldsymbol{h} \end{bmatrix} = \begin{bmatrix} \boldsymbol{s}_1 \\ \boldsymbol{s}_2 \end{bmatrix} \tag{7.42}$$

式中 $k_i(i=1,2,3,4)$ 为稀疏复数矩阵，e 和 h 分别为单元节点处待求的 e_y 和 h_y 散射场（二次场）组成的向量，s_1 和 s_2 为节点上与一次场相关的向量，各项的表达式为

$$k_1 = \iint_e \left[\frac{\hat{y}}{k_e^2}\left(\frac{\partial N_i}{\partial x}\cdot\frac{\partial N_j}{\partial x} + \frac{\partial N_i}{\partial z}\cdot\frac{\partial N_j}{\partial z}\right) + \hat{y}N_i N_j \right] \mathrm{d}x\mathrm{d}z$$

$$k_2 = \iint_e \left(\frac{\mathrm{i}k_y}{k_e^2}\left(\frac{\partial N_i}{\partial x}\cdot\frac{\partial N_j}{\partial z} - \frac{\partial N_i}{\partial z}\cdot\frac{\partial N_j}{\partial x}\right)\right) \mathrm{d}x\mathrm{d}z$$

$$k_3 = \iint_e \left[\frac{\hat{z}}{k_e^2}\left(\frac{\partial N_i}{\partial x}\cdot\frac{\partial N_j}{\partial x} + \frac{\partial N_i}{\partial z}\cdot\frac{\partial N_j}{\partial z}\right) + \hat{z}N_i N_j \right] \mathrm{d}x\mathrm{d}z$$

$$k_4 = \iint_e \left[\frac{\mathrm{i}k_y}{k_e^2}\left(-\frac{\partial N_i}{\partial x}\cdot\frac{\partial N_j}{\partial z} + \frac{\partial N_i}{\partial z}\cdot\frac{\partial N_j}{\partial x}\right) \right] \mathrm{d}x\mathrm{d}z$$

$$s_1 = -\iint_e \left[N_i \sigma_a \hat{e}_y^p + \frac{ik_y \sigma_a}{k_e^2} \left(\frac{\partial N_i}{\partial x} \hat{e}_x^p + \frac{\partial N_i}{\partial z} \hat{e}_z^p \right) \right] \mathrm{d}x\mathrm{d}z$$

$$s_2 = -\iint_e \left[\frac{\hat{z}\sigma_a}{k_e^2} \left(\frac{\partial N_i}{\partial z} \hat{e}_x^p - \frac{\partial N_i}{\partial x} \hat{e}_z^p \right) \right] \mathrm{d}x\mathrm{d}z \tag{7.43}$$

式（7.43）构成了有限元方程的主体部分，还要加入边界条件，才可构成完整的有限元方程。边界条件的加入将在下面另文介绍。

7.3.2　一次场计算

求解式（7.42）中的右端项时，需要知道地下介质中节点上的一次场值，程序中采用均匀半空间频率波数域公式来求取任一点的一次场值。

本节中公式参考了 Lu（1999）博士论文中的推导方法，在其博士论文的附录中详细地推导了频率波数域层状结构地下电磁场分量的计算公式，这里直接给出频率波数域均匀半空间的计算公式。以 x 方向电偶极源为例，其激发的电场表达式如下：

$$\hat{e}_x(x, k_y, z) = -\frac{1}{\pi} \int_0^\infty \left[\frac{u_1 k_x^2}{\hat{y}} + \frac{\hat{z}k_y^2}{u_0 + u_1} \right] \frac{\mathrm{e}^{-u_1 z}}{k_x^2 + k_y^2} \cos(k_x x) \mathrm{d}kx$$

$$\hat{e}_y(x, k_y, z) = -\frac{i}{\pi} \int_0^\infty \left[\frac{u_1}{\hat{y}} - \frac{\hat{z}}{u_0 + u_1} \right] \frac{k_x k_y \mathrm{e}^{-u_1 z}}{k_x^2 + k_y^2} \sin(k_x x) \mathrm{d}kx \tag{7.44}$$

$$\hat{e}_z(x, k_y, z) = \frac{1}{\pi} \int_0^\infty \frac{k_x}{\hat{y}} \mathrm{e}^{-u_1 z} \sin(k_x x) \mathrm{d}kx$$

式中，k_x 和 k_y 分别为 x 方向和 y 方向的波数。磁场三个方向的公式可类似地推导得到，y 方向电偶极子源的计算公式通过坐标变换得到，其他场源的公式通过类似的方法推导得出。

一次场计算公式为振荡函数积分，直接使用常规的数值积分方法不易得到稳定而可靠的计算结果。本书采取将振荡函数积分转换成汉克尔积分，通过汉克尔滤波算法以获取精确结果。另外，在求解频率空间域的响应时也涉及余弦变换的运用，最终也得将其转化成汉克尔积分。程序中采用了 300 个滤波系数实现对汉克尔积分的计算。

7.3.3　边界条件

在有限元计算中，因为剖分网格的大小是有限的，计算区域不是无限延伸的，所以必须加入相应的人为截断边界条件，避免边界网格对计算结果精度造成太大影响。在实际情况中，电磁场在地下传播时幅值呈指数衰减，在无穷远处衰减为零。在数值模拟中，因为本书采用二次场算法，二次场的强度小于一次场强度，所以只要边界网格离计算区域内的异常体足够远，它很快就衰减为零，边界对计算结果的影响是有限的。综上，本节采用第一类边界条件，即边界上的二次场值近似为零。

7.3.4　稀疏矩阵的 CSR 存储

CSAMT 方法形成的有限元方程形式如式（7.42），它的左端系数矩阵具有稀疏和对称的特点，将其全部储存需要很大的内存空间。考虑到它每行只有有限个非零元素，若能充分利用这个特点，则可以有效地节约内存空间。

有限元方程左端系数矩阵如图 7.15 所示，将矩阵分成 k_1、k_2、k_3 和 k_4 四个分块矩阵。以 k_1 为例，图 7.15 右边显示了 9 个节点的剖分网格，单元分析时节点 5 只与周围的 8 个节点和它本身相关，那么 k_1 中的第 5 行最多只有 9 个非零值，k_2、k_3 和 k_4 中也一样，这样最终形成的矩阵中每行最多只有 18 个非零元素，仅将它们存储即可。

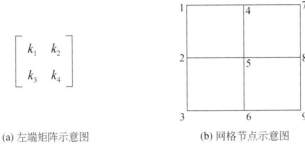

(a) 左端矩阵示意图　　　　　　　　　　(b) 网格节点示意图

图 7.15　有限元方程左端矩阵和网格节点示意图

每行 18 个非零元素的位置，在网格剖分节点确定后，即可根据有限元单元分析特点唯一确定。本节将采用 CSR（即按行压缩稀疏矩阵）方法对系数矩阵进行存储。如图 7.16 所示的一个稀疏矩阵 m，每行仅有有限个非零值，存储 m 通过三个一维向量就可完成（表 7.2）。

$$m = \begin{cases} 1 & 0 & 2 & 0 & 0 \\ 0 & 3 & 0 & 0 & 0 \\ 0 & 4 & 5 & 6 & 0 \\ 0 & 0 & 0 & 7 & 0 \\ 0 & 0 & 0 & 8 & 9 \end{cases}$$

图 7.16　稀疏矩阵示意图

表 7.2　稀疏矩阵存储示意图

序号	1	2	3	4	5	6	7	8	9
ia	1	3	4	7	8	10			
ja	1	3	2	2	3	4	4	4	5
A	1	2	3	4	5	6	7	8	9

如表 7.2 所示，其中 ia 为每行中非零元素在 A 向量中的偏移量，每行的非零元素个数通过 ia（$i+1$）–ia（i）即可获得；ja 为每行中非零元素列号；A 存储非零元素值。通过 ia 和 ja 向量即可在 A 中得到非零元素值。通过这样的方法可以有效地降低存储量，且便于共轭梯度方法的使用。

7.3.5　共轭梯度方程求解

正演模拟最终归于线性代数方程组的求解，方程组的维数与剖分的网格节点数有关，如果 x 方向有 80 个节点，z 方向有 50 个节点，总共 4000 个节点，每个节点的自由度为 2，则有限元方程组的维数为 8000。与三维正演上百万维数的系数矩阵相比已经小了很多，但是采用一般的 LU 解法，仍会非常耗时。本节使用林绍忠（1997）文章中介绍的 SSOR-PCG（对称逐步超松弛预处理共轭梯度法）方法求解有限元方程，与直接求解线性方程组相比，加快了解的收敛速度，提高了计算效率。

解形如 $\boldsymbol{Ax} = \boldsymbol{b}$ 的方程时，SSOR 法的预处理矩阵 $\boldsymbol{M}$ 为

$$\boldsymbol{M} = (2 - \omega)^{-1}(\boldsymbol{D}/\omega + \boldsymbol{L})(\boldsymbol{D}/\omega)^{-1}(\boldsymbol{D}/\omega + \boldsymbol{L})^{\mathrm{T}} \tag{7.45}$$

其中，$\boldsymbol{D}$ 为 $\boldsymbol{A}$ 的对角阵，$\boldsymbol{L}$ 为 $\boldsymbol{A}$ 的严格下三角矩阵，ω 为松弛因子。本节将松弛因子取为 1，x 的初始值为零向量，那么迭代格式可以简化为式（7.46）。

$$\begin{cases} g^0 = -b, \quad y^0 = W^{-1}g^0, \quad z^0 = -Vy^0, \quad d^0 = W^{-\mathrm{T}}Z^0, \quad k = 0 \\ R:\ \sigma = (y^k,\ Vy^k) \\ 如果\ \sigma \leqslant \varepsilon，迭代停止，否则继续 \\ \tau_k = (y^k,\ Vy^k)/(d^k,\ 2z^k - Vd^k) \\ x^{k+1} = x^k + \tau_k d^k \\ y^{k+1} = y^k + \tau_k(d^k + W^{-1}(z^k - Vd^k)) \\ \beta_k = (y^{k+1},\ Vy^{k+1})/(y^k,\ Vy^k) \\ z^{k+1} = -Vy^{k+1} + \beta_k z_k \\ d^{k+1} = W^{-\mathrm{T}}z^{k+1} \\ k = k + 1，回到\ R \end{cases} \tag{7.46}$$

上面的迭代公式中只涉及向量与向量的乘积和 LU 分解中的前代与回代计算，计算量很小，并且充分利用了 CSR 存储的特点，便于程序的编写。

当解一个维数为 13000 的方程组时，迭代误差曲线如图 7.17 所示。从图中可以看出在迭代的前几次，收敛速度非常快，后期迭代速度减慢，曲线虽然跳动很大，但最终还是收敛到了要求的误差范围内。计算用时在 2s 内，比常规的 LU 分解方法计算速度快了许多。

7.3.6　其他分量求取

通过以上的计算，就可以解出频率波数域的 e_y 和 h_y 分量。在实际应用中，因为测量的是 e_x 和 h_y 分量，所以还需要计算出其他分量，本节主要研究电场 x 方向上的分量。

$$\hat{e}_x = \frac{1}{k_e^2}\left(-\mathrm{i}k_y\frac{\partial \hat{e}_y}{\partial x} - \hat{z}\frac{\partial \hat{h}_y}{\partial z} - \hat{z}\sigma_{\mathrm{a}}\hat{e}_x^{\mathrm{p}}\right) \tag{7.47}$$

通过式（7.47）即可获得频率波数域 e_x 二次场的结果，其中涉及 e_y 和 h_y 分量导数的求取，本节采用差分方法求取它们的导数。最后将二次场加上一次场即可得到总场结果。

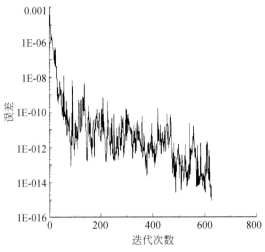

图 7.17　共轭梯度迭代收敛曲线

当得到一系列离散波数的场后，进行富氏反变换就可以得到频率空间域的场值。

7.3.7　2.5 维 CSAMT 正演算例

1. 程序正确性验证

本节使用 Key Kerry 的一维程序对 2.5 维 CSAMT 正演算法的正确性进行验证，重点对比 E_x 和 H_y 二次场结果。

如图 7.18 所示，设计一个三层层状模型，构造走向沿 y 方向；发射极位于原点，采用 x 方向的电偶极子，发射频率为 50Hz；接收位置沿 x 方向，接收范围为 200～5000m。二维正演剖分的网格 x 方向上有 80 个节点，中间节点间距 40m，两端节点间距较大。z 方向有 35 个节点，其中空气层层数为 11 层，地面附近网格格距较小，之后逐渐增大。波数值取值范围为 0.1～0.00001，按对数等间隔取了 21 个波数值。

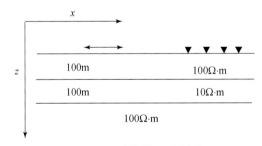

图 7.18　计算模型示意图

图 7.19 和图 7.20 分别为频率波数域 h_y、e_x 所对应的频率空间域 H_y，E_x 的实部和虚部对比结果图，实线表示一维正演计算结果，圆点表示 2.5 维有限元正演结果，可以看出两种方法计算的结果吻合较好，经过计算，二次场相对误差在 5% 左右，表明 2.5 维

CSAMT 有限元正演算法是正确可靠的。

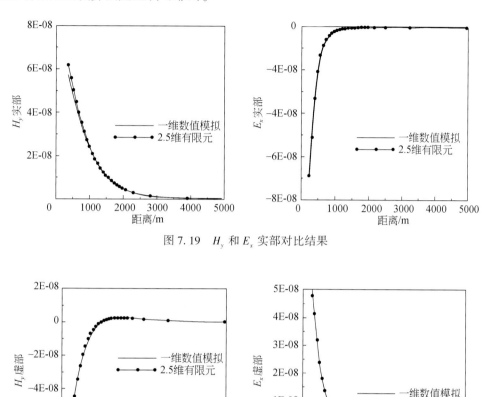

图 7.19　H_y 和 E_x 实部对比结果

图 7.20　H_y 和 E_x 虚部对比结果

2. 正演算例

本节对二维高低阻组合模型进行数值模拟，发射多个不同频率的信号，通过绘制视电阻率拟断面图，分析计算结果。

正演使用的模型如图 7.21 所示，背景电阻率为 $100\Omega \cdot m$，两个异常体模型大小一样，左面的低阻异常体电阻率为 $10\Omega \cdot m$，右面的高阻异常体电阻率为 $1000\Omega \cdot m$。发射源采用 x 方向电偶极子，偶极源的中心在原点，发射频率在 1000 ~ 50Hz 范围内的 9 个频点，观测点沿 x 轴方向，点距 40m，接收点位置分布在 4000 ~ 5000m 范围内。

图 7.22 是该二维高低阻组合模型的视电阻率–频率拟断面图。从图中可明显分辨出在 4400m 与 4500m 之间存在一个低阻异常，在 4720m 下存在一个高阻异常体，异常体的位置和大小与理论模型吻合一致。

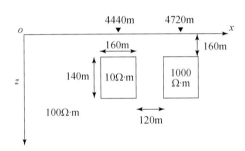

图 7.21　二维正演模型示意图

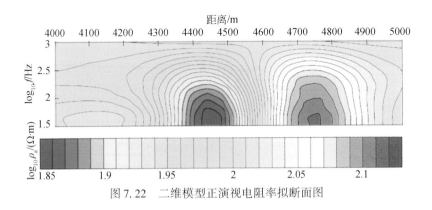

图 7.22　二维模型正演视电阻率拟断面图

7.4　可控源音频大地电磁三维正演

与 MT 方法相比，CSAMT 法由于使用了人工源，所以能够在短时间内采集到高品质的数据。野外工作时，CSAMT 法通常使用有限长电偶源作为人工场源，由于人工信号源的存在，求解有源电磁波波动方程相对复杂，不能直接应用已经发展成熟的大地电磁资料处理技术，因此当前 CSAMT 资料处理主要采用一维和二维正反演技术。然而利用 CSAMT 法解决各类地质问题时，其使用的场源、激发的电磁场以及观测系统本质上都是三维的，实现三维正演模拟是正确认识 CSAMT 资料的基础，也是提高 CSAMT 方法可靠性和分辨率的基础。

本节从 CSAMT 法所满足的基本方程出发，首先结合电磁场边界条件和二维傅里叶变换的性质，推导了水平层状大地全空间电磁场理论计算公式，并对五种汉克尔滤波系数进行了比较，确定了用于 CSAMT 三维数值模拟的汉克尔滤波系数。接着从麦克斯韦方程组积分形式入手，研究了 CSAMT 三维数值模拟的交错网格有限差分技术，并提出了简洁的边界条件。

7.4.1　CSAMT 正演的基本方程

CSAMT 工作频率范围为 $n \times 10^{-1} \sim n \times 10^{5}$ Hz，在这个频率范围内，可以忽略位移电流

的作用，同时地下介质的磁导率 μ 近似等于空气中的磁导率 μ_0。在有限长电偶源激发条件下，电场强度 E 和磁场强度 H 相互作用的关系满足麦克斯韦方程组。设电磁场随时间变化的因子为 $\mathrm{e}^{-i\omega t}$，麦克斯韦方程组的积分表达式为

$$\begin{cases} \oint H \cdot \mathrm{d}l = \iint J \cdot \mathrm{d}S = \iint (\sigma E + J^e) \cdot \mathrm{d}S \\ \oint E \cdot \mathrm{d}l = \iint i\omega\mu_0 H \cdot \mathrm{d}S \end{cases} \tag{7.48}$$

式中，J^e 为位移电流密度。

为降低 CSAMT 三维数值模拟直接计算电磁场总场的难度，本节将总场分解为背景场（一次场）和感应场（二次场），背景场（一次场）利用快速汉克尔变换求取，感应场（二次场）采用数值计算求解。

将总场表示为一次场和二次场的和，有

$$\begin{cases} E = E^a + E^b \\ H = H^a + H^b \end{cases} \tag{7.49}$$

式中，E^b 和 E^a 分别为背景电场强度和二次电场强度，H^b 和 H^a 分别为背景磁场强度和二次磁场强度。

上述背景场为均匀半空间（或水平层状介质）有限长电偶源所激发的电磁场，其满足的麦克斯韦方程积分形式为

$$\begin{cases} \oint H^b \cdot \mathrm{d}l = \iint J^b \cdot \mathrm{d}S = \iint (\sigma^b E^b + J^e) \cdot \mathrm{d}S \\ \oint E^b \cdot \mathrm{d}l = i\omega\mu_0 \iint H^b \cdot \mathrm{d}S \end{cases} \tag{7.50}$$

将总场所满足的麦克斯韦方程（7.48）减去背景场所满足的麦克斯韦方程（7.50），得到二次场满足麦克斯韦方程的积分形式为

$$\begin{cases} \oint H^a \cdot \mathrm{d}l = \iint J^a \cdot \mathrm{d}S \\ \oint E^a \cdot \mathrm{d}l = i\omega\mu_0 \iint H^a \cdot \mathrm{d}S \end{cases} \tag{7.51}$$

式中，J^a 与背景电场 E^b、二次电场 E^a 和电导率的关系为

$$J^a = \sigma E^a + \Delta\sigma E^b \tag{7.52}$$

其中，$\Delta\sigma$ 为剩余电导率

$$\Delta\sigma = \sigma - \sigma^b \tag{7.53}$$

经过上述变换后，CSAMT 三维数值模拟问题即转化为背景场和二次场的求解问题，背景场可以通过快速汉克尔变换求取，二次场采用三维交错采样有限差分法进行数值计算，将求解得到的背景场值加上二次场值即为有限长电偶源激发下 CSAMT 三维电磁场分布。

7.4.2　有限长电偶源全空间一维数值模拟

要实现 CSAMT 三维数值模拟，必须计算有限长电偶源全空间一维电磁场分布，因一些文献已发布了计算公式，这里不再重复给出，有兴趣的读者请相关参考文献。本节采用

Key 推导的公式计算有限长电偶源全空间一维电磁场。

　　求取有限长电偶源全空间一维电磁场时，会遇到贝塞尔积分，一种常用的方法是用汉克尔变换来计算贝塞尔积分。为对比采用不同数量的汉克尔滤波系数（61，101，201，241，401）进行数值模拟的计算精度和速度，设计了一个电阻率为 $100\Omega\cdot m$ 的均匀半空间模型，并将计算结果与解析解进行对比。取 x 向电偶源，发射源中点为坐标原点（即坐标为（0，0，0）），计算频率为 1Hz，地下 1000m，y 分别为 100m，1000m，10000m 的测线上电磁场随 x 的变化。

　　图 7.23 是利用五种不同汉克尔滤波系数计算水平均匀模型的结果和解析解的对比，从图中可以看出，采用五种汉克尔滤波系数的计算结果均与解析解吻合较好，这说明滤波系数的选择对计算精度影响不大。

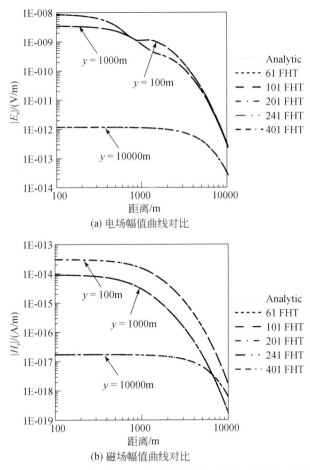

图 7.23　利用不同汉克尔滤波系数计算的结果与解析解对比图

　　为了确定最佳滤波系数，对上述五种汉克尔滤波系数的计算误差和计算时间进行了统计（见表 7.3）。由表 7.3 可以看出滤波系数越多、计算时间越长，同时精度也越高。当滤波系数为 201 时，计算时间居中，但是计算精度几乎接近最高，因此在 CSAMT 三维数值模拟中选择 201 个滤波系数。

表 7.3 五种汉克尔滤波系数计算误差和时间对比

滤波系数	计算时间/s	$\|E_x\|$ 相对误差	$\|H_y\|$ 相对误差
61	0.5940	1.2629×10^{-2}	8.7109×10^{-4}
101	1.000	4.8076×10^{-4}	3.8830×10^{-4}
201	1.907	2.9390×10^{-4}	3.1941×10^{-4}
241	2.265	2.9390×10^{-4}	3.1940×10^{-4}
401	3.547	2.9389×10^{-4}	3.1941×10^{-4}

7.4.3 二次场计算的交错网格有限差分法

在 7.4.2 节中，完成了有限长水平电偶源背景场的计算，本节将介绍计算有限长水平电偶源二次场的交错网格有限差分法。为了表述方便，后面的叙述中将二次场 E^a 简写为 E。

1. 交错采样网格离散化

采用数值模拟方法计算电磁场场值分布时，需要将连续形式的积分或微分方程转化成离散形式，为此，需对计算区域（电性参数和几何尺寸）进行网格离散，即沿 x、y、z 三个坐标方向分别用若干平行的平面以不同的间距将计算区域划分成若干个小的六面体网格单元（图 7.24），假定每个单元为一个电性均匀体，单元内的电导率和电磁场为常数。

设研究区域沿 x 轴方向被剖分成 N_x 段，含有 l 个节点（$l = N_x + 1$）；每个节点的编号 i 沿 x 轴方向序号递增 $i = 1$，2，$\cdots$，l，网格间距为 $\Delta x_i (i = 1, \cdots, N_x)$；沿 y 轴方向被剖分成 N_y 段，含有 m 个节点（$m = N_y + 1$），每个节点的编号 j 沿 y 轴方向序号递增，$j = 1$，2，$\cdots$，m，网格间距为 $\Delta y_j (j = 1, \cdots, N_y)$；沿 z 轴方向被剖分成 N_z 段，含有 n 个节点（$n = N_z + 1$），每个的节点编号 k 沿 z 轴方向序号递增，$k = 1$，2，$\cdots$，n，网格间距为 $\Delta z_k (k = 1, \cdots, N_z)$。

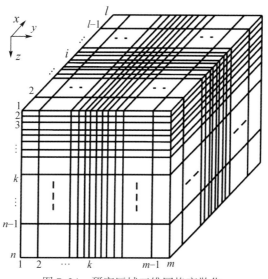

图 7.24 研究区域三维网格离散化

同大地电磁三维正演模拟类似，进行 CSAMT 三维模拟时采用交错网格剖分方式。在交错采样网格中，每个六面体剖分单元的磁场分量定义在六面体单元棱边的中点，电场分量定义在六面体单元每个侧面面元中心，方向与面的法向方向一致，该单元称为磁场单元，如图 7.25（a）所示，这样的电场分量和磁场分量的定义符合右手螺旋定则。对于相邻八个网格单元中心组成的六面体，电场分量和磁场分量位置的定义刚好相互调换，称该类单元为电场单元，如图 7.25（b）所示。上述节点定义方式使得电场单元和磁场单元相互交错，相互关联，故称为交错采样，如图 7.26 所示。交错采样网格的最大特点是能自动保证电磁场分布遵守能量守恒定律，完全符合电场分量和磁场分量之间的右手螺旋定则。在求得电（或磁）场的分布后，可以方便地求得磁（或电）场的分布。

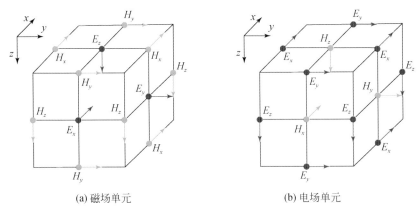

(a) 磁场单元　　　　　　　　　　　　(b) 电场单元

图 7.25　交错采样网格中电场单元和磁场单元采样位置示意图

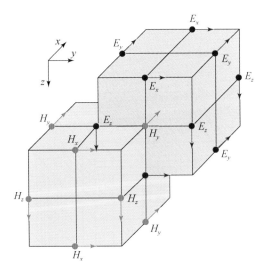

图 7.26　电场单元和磁场单元关系示意图

对求解区域内任一小六面体网格单元 (i, j, k)，Δx_i、Δy_j、Δz_k 分别为单元格的长、

宽和高，$\rho(i, j, k)$ 为单元格的电阻率值，$\rho^{\mathrm{b}}(i, j, k)$ 为单元格的背景电阻率值，对应此单元格的六个电、磁场分量的采样点位置如图 7.27 所示。$H_x(i, j, k)$、$H_y(i, j, k)$、$H_z(i, j, k)$ 分别为对应边二次磁场的平均值；$E_x(i, j, k)$、$E_y(i, j, k)$、$E_z(i, j, k)$ 分别为对应平面二次电场的平均值。

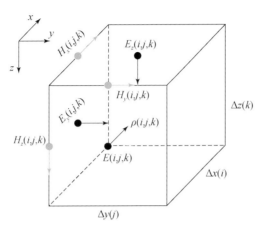

图 7.27　某网格单元电场分量、磁场分量、电阻率和几何参数示意图

2. 积分形式麦克斯韦方程组的离散

计算区域按交错网格剖分形式离散化后，可对二次场所满足的积分方程式进行离散化处理，得到关于二次场的线性方程组。

取剖分区域内某一磁场单元（图 7.28），其长、宽、高分别为 Δx_i、Δy_j、Δz_k。对式 (7.51) 的第二个公式进行离散，该方程式左端项为二次电场的环路积分，右端项为二次磁场的面积分。

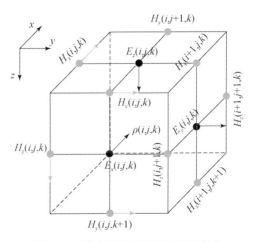

图 7.28　某六面体单元网格的离散化

式（7.51）左端环路积分的离散方法与 7.2 节类似，此处不再赘述。

式（7.51）中第一式的右边为电流密度的面积分，由于电流密度与电场分量同向，所以该式右边可写为

$$\iint \boldsymbol{J}^a \cdot \mathrm{d}\boldsymbol{S} = \iint (\sigma \boldsymbol{E}^a + \Delta\sigma \boldsymbol{E}^b) \cdot \mathrm{d}\boldsymbol{S}$$

$$= \iint \sigma_z E_z(i, j, k) + \Delta\sigma_z E_z^b(i, j, k) \mathrm{d}x\mathrm{d}y \tag{7.54}$$

其中，σ_z 为 z 方向的电导率，$\Delta\sigma_z$ 为 z 方向的剩余电导率。根据面积分的数值计算原理可将式（7.54）右边改写为

$$\iint \sigma_z E_z(i, j, k) + \Delta\sigma_z E_z^b(i, j, k) \mathrm{d}x\mathrm{d}y = \left[\sigma_z E_z(i, j, k) + \Delta\sigma_z E_z^b(i, j, k)\right]\Delta x_i \Delta y_j$$

$$\tag{7.55}$$

根据方向加权原理，z 方向的电阻率可定义为

$$\rho_z = \frac{\rho(i, j, k)\Delta z_k + \rho(i-1, j, k)\Delta z_{k-1}}{\Delta z_k + \Delta z_{k-1}} \tag{7.56}$$

同理，z 方向的背景电阻率为

$$\rho_z^b = \frac{\rho^b(i, j, k)\Delta z_k + \rho^b(i-1, j, k)\Delta z_{k-1}}{\Delta z_k + \Delta z_{k-1}} \tag{7.57}$$

式（7.56）减去式（7.57）得到 z 方向的电阻率为

$$\Delta\rho_z = \rho_z - \rho_z^b = \frac{\left[\rho(i, j, k) - \rho^b(i, j, k)\right]\Delta z_k + \left[\rho(i-1, j, k) - \rho^b(i-1, j, k)\right]\Delta z_{k-1}}{\Delta z_k + \Delta z_{k-1}}$$

$$\tag{7.58}$$

由于电导率与电阻率互为倒数，故 σ_z 与 $\Delta\sigma_z$ 的计算公式分别为

$$\sigma_z = \frac{1}{\rho_z} = \frac{\Delta z_k + \Delta z_{k-1}}{\rho(i, j, k)\Delta z_k + \rho(i-1, j, k)\Delta z_{k-1}} \tag{7.59}$$

$$\Delta\sigma_z = \frac{1}{\rho_z} - \frac{1}{\rho_z^b} \tag{7.60}$$

由此可得电场 z 分量和磁场 x，y 分量的关系表达式为

$$\left[H_y(i+1, j, k) - H_y(i, j, k)\right]\Delta y_j - \left[H_x(i, j+1, k) - H_x(i, j, k)\right]\Delta x_i$$

$$= J_z(i, j, k)\Delta x_i \Delta y_j \tag{7.61}$$

式中，

$$J_z(i, j, k) = \sigma_z(i, j, k)E_z(i, j, k) + \Delta\sigma_z(i, j, k)E_z^b(i, j, k) \tag{7.62}$$

同理，利用磁场单元的两个侧面可以导出磁场的 y、x 分量的关系式。与此相同，对（7.5）式的第二式离散可以得到电场 3 个分量的表达式。

虽然对式（7.51）离散化可得到关于电场和磁场的 6 个关系式，但直接求解上述 6 个关系式中的电场和磁场非常困难，而且 6 个电磁场分量只有 3 个分量是独立的，于是可采用与 7.2.1 节相同的方法，通过变换消去上述 6 个关系式中的 3 个电场分量或 3 个磁场分量，得到关于磁场或者电场三分量的单参数线性方程组。经过推导，将未知的 6 个电场分量和磁场分量，消减为 3 个未知的磁场分量。

3. 边界条件

如图 7.9 所示，计算区域由空中顶边界（$z = -z_{air}$）、地下底边界（$z = z_n$）和四个侧边界（$x = x_0$，$x = x_l$，$y = y_0$，$y = y_m$）所界定。对麦克斯韦方程积分形式离散化后，为了求出计算区域内部所有采样点上的场值，还需给出计算区域边界上的场值。根据水平电偶源在均匀半空间下的解析解公式可知，电场各分量以 r^3（r 为测量点距离发射点的距离）快速衰减，而磁场的 x 和 y 分量以 r^2 快速衰减，磁场的 z 分量以 r^4 快速衰减。因此当研究区域足够大时，可取各边界的二次场值为零。为了满足该边界条件的假设，对计算区域进行扩展，使得各个界面距二次源（异常体）的位置足够远。通常采用指数延拓的扩展方法，各网格间距向外依次以倍数增加。

7.4.4　三维 CSAMT 正演算例

采用交错采样有限差分法，编制了 CSAMT 三维数值模拟程序。首先，利用水平二层模型的解析计算结果检验算法的正确性，然后，对单个低阻异常体组合模型等进行了 CSAMT 三维数值模拟，并详细分析了响应特征。数值模拟所用的个人计算机的配置为 Pentium D 3.0GHz 处理器、4G 内存、64 位 Windows XP 操作系统。

1. 水平二层模型

为了验证算法的准确性和数值模拟精度，设计了一个水平二层模型进行三维数值模拟，模型参数如图 7.29 所示。

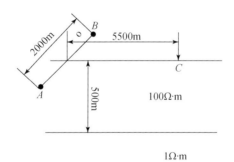

图 7.29　水平二层模型示意图

水平二层模型第一层介质电阻率为 $100\Omega \cdot m$，厚度为 500m；第二层介质电阻率为 $1\Omega \cdot m$。有限长电偶源 AB 长为 2000m，供电电流为 1A。计算距离源中点 5500m 处 C 点的 CSAMT 三维响应，共计算了 13 个频率，分别为：1Hz，2.15443Hz，4.64159Hz，10Hz，21.54435Hz，46.41590Hz，100Hz，215.44354Hz，464.15897Hz，1000Hz，2154.43555Hz，4641.58984Hz，10000Hz。

在求解区域内将模型剖分为 21×21×10 个正六面体单元，由地面向空气中对外延伸，延伸的网格扩展层为 8，扩展因子为 3.66；沿 x、y、z 方向的扩展层为 6，扩展因子为 2.0。计算区域的总剖分数为 33×33×24。有限长电偶源设置在距求解区域正中心 5000m

处。采用均匀大地为背景模型，其电阻率大小与第一层介质的电阻率相同。

图 7.30 为采用基于多重网格的 CSAMT 三维交错网格有限差分法数值模拟的视电阻率和相位响应与解析解的比较。从图中可以看出，高频段视电阻率和相位都和解析解吻合较好，进入低频段，特别是进入过渡区甚至近区后，视电阻率和相位值比解析解稍高，可推断出由于高频率段电磁波基本能满足平面波场的特征，误差较小；而进入低频段后，可能进入了过渡区甚至近区，同时边界条件亦有一定的影响，且网格剖分相对较稀疏，因此误差相对要大些，但仍在允许范围之内（见表 7.4）。

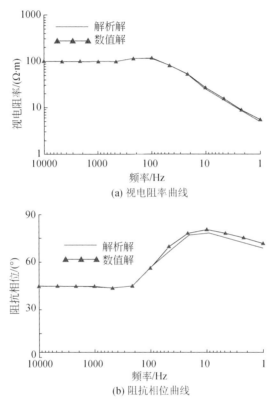

(a) 视电阻率曲线

(b) 阻抗相位曲线

图 7.30　水平二层模型视电阻率和相位响应曲线

表 7.4 为正演模拟结果与解析解的比较及误差分析。从表中可以看出，视电阻率相对误差最小为 0，最大为 6.5%，平均相对误差为 3.37%；相位相对误差最小为 0，最大为 4.0%，平均相对误差为 1.8%。计算结果证明该 CSAMT 三维数值模拟算法能满足计算精度的要求，可以将之用于复杂模型的 CSAMT 三维数值模拟。

表 7.4　数值模拟结果与解析解对比及误差分析

频率 /Hz	卡尼亚视电阻率				相位			
	解析解	数值模拟	绝对误差	相对误差/%	解析解	数值模拟	绝对误差	相对误差/%
1	5.18	5.49	0.31	5.9	69.27	72.02	2.75	4.0
2.154	8.39	8.80	0.41	4.9	73.42	75.83	2.41	3.3

续表

频率 /Hz	卡尼亚视电阻率				相位			
	解析解	数值模拟	绝对误差	相对误差/%	解析解	数值模拟	绝对误差	相对误差/%
4.642	13.92	14.71	0.79	5.7	76.36	78.35	1.99	2.6
10	24.50	26.08	1.58	6.5	78.35	80.90	2.55	3.3
21.54	50.84	52.93	2.09	4.1	76.49	78.51	2.02	2.6
46.42	86.37	82.30	4.07	4.7	67.87	70.39	2.52	3.7
100	121.40	118.17	3.23	2.8	56.16	56.72	0.56	1.0
215.4	119.10	117.02	2.08	1.7	45.73	44.61	1.12	2.4
464.2	101.90	98.00	3.90	3.8	43.61	43.51	0.10	0.2
1000	99.40	98.06	1.34	1.4	44.92	44.88	0.04	0.1
2154	100.00	100.01	0.01	0.0	44.96	45.01	0.05	0.1
4642	100.00	100.01	0.01	0.0	44.98	45.00	0.02	0.0
10000	100.00	100.00	0.00	0.0	44.99	45.00	0.01	0.0

2. 单个低阻异常体模型

设计一个低阻异常体模型，低阻异常体大小为 500m×500m×500m，顶部埋深为 200m，异常体电阻率为 1Ω·m，围岩电阻率为 100Ω·m。水平电偶源 AB 和 A′B′ 的长度均为 1000m，当电偶源为图 7.31（a）中的 AB、测线沿 x 方向布设时为赤道装置；当电偶源为图 7.31（a）中的 A′B′、测线沿 y 方向布设时为轴向装置，利用开发的 CSAMT 三维数值模拟程序对两种装置下低阻异常体 CSAMT 三维响应进行模拟。

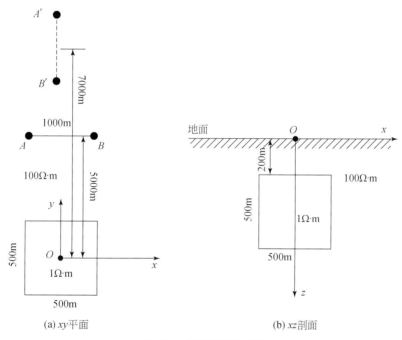

(a) xy平面　　　　　　　　　(b) xz剖面

图 7.31　低阻模型示意图

　　将计算区域仍剖分为 33×33×24 个单元，各方向的扩展层数与二层模型模拟时的扩展层数相同。将异常体剖分成 7×7×7 个单元，对 500m×500m×5000m 异常体的 x、y、z 三个方向 7 个单元的剖分长度均设为 50m，50m，100m，100m，100m，50m，50m，网格剖分长度向外逐渐增大。取异常体中心为坐标原点，则电偶源 AB 中心点坐标为（0，5000），电偶源 $A'B'$ 中心点的坐标为（0，7000）。

　　图 7.32 和图 7.33 分别为以图 7.31 中 AB 为发射源（A 点坐标为 -500，5000；B 点坐标为 500，5000），1Hz，10Hz，100Hz 和 1000Hz 时低阻异常体模型三维 CSAMT 数值模拟 $|Ex|$ 和 $|Hy|$ 平面分布图。从图中可以看出，随着计算点离源由近到远（即 y 由正到负），近场影响逐渐减弱，其中 10Hz 的 $|Ex|$ 和 $|Hy|$ 分量的响应较其他三种频率有所差别，原因是低阻异常体分布范围与 10Hz 电磁波的作用范围重合最大。

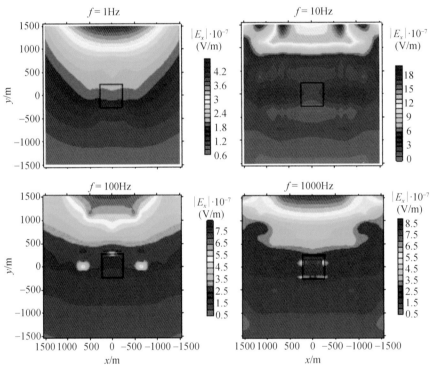

图 7.32　低阻异常体模型不同频率 CSAMT 三维数值模拟 $|E_x|$ 平面分布图

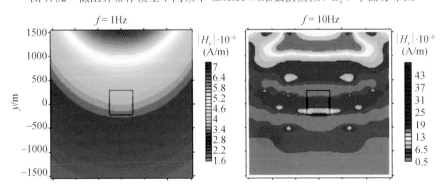

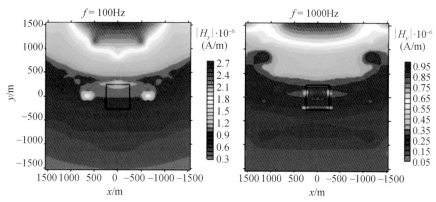

图 7.33　低阻异常体模型不同频率 CSAMT 三维数值模拟 | H_y | 平面分布图

　　图 7.34 为低阻异常体模型三维数值模拟 CSAMT 赤道装置、轴向装置和大地电磁测深
（MT）视电阻率拟断面图，其中横坐标为线性坐标，纵坐标频率为对数坐标。由该图可以
看出，当频率高于 10Hz 时，即处于远区条件下，CSAMT 赤道装置、轴向装置的视电阻率
响应特征与 MT 基本相同，在异常体上方近地表位置有一不太明显的小范围的高阻区，下

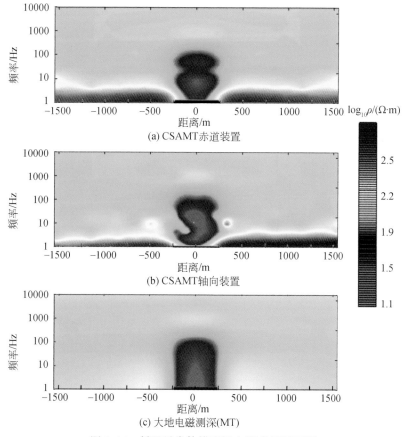

图 7.34　低阻异常体模型视电阻率拟断面图

方为低阻异常区，且低阻异常区的分布范围与模型中低阻异常体的实际宽度基本相同，该计算结果进一步验证了程序的正确性。MT 法因完全满足远区观测而在低频段未出现高阻异常区，但 CSAMT 的赤道装置和轴向装置均在 10Hz 以下出现假的高阻异常，推断为近场数据的影响。分析近场高阻假异常可以发现，赤道装置因近场产生的假高值异常是以低阻模型异常体为中心对称分布，而轴向装置的假高值异常呈不对称分布，近源（$y>0$）一侧较远源一侧更早进入近区，这说明在相同参数条件下，轴向装置对远区要求比赤道装置更远，同时，赤道装置和轴向装置的最小视电阻率均大于低阻异常体模型的实际电阻率，但整体上赤道装置的要大于轴向装置的视电阻率，表明 CSAMT 赤道装置对低阻体的响应幅值（最小视电阻率与背景值之差）小于轴向装置。

图 7.35 为低阻异常体模型 CSAMT 赤道装置、轴向装置和大地电磁测深三维数值模拟相位断面图。与视电阻率的响应类似，CSAMT 赤道装置、轴向装置的相位响应特征也和 MT 的相位响应相似，在低阻异常体模型对应位置为相位高值异常显示，且相位高值异常区的中心位置与模型中低阻异常体中心位置吻合，CSAMT 赤道装置和 MT 均在相位高值异常下方两侧出现一组对称的相位低值异常区，而轴向装置的类似特征不明显。与视电阻率响应类似，CSAMT 的两种装置的相位在低频段均出现了近场响应。

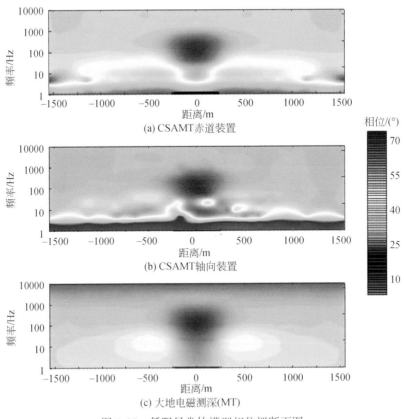

图 7.35　低阻异常体模型相位拟断面图

为了更直观了解低阻异常体的 CSAMT 三维响应特征，在异常体中心 x 轴两侧共截取 7

个视电阻率和相位切片，按离电偶源的距离由小到大排列，纵切剖面 y 坐标依次为：$y=$1550m、500m、225m、0m（过异常体中心剖面）、-225m、-500m、-1550m。图 7.36、图 7.37 分别为低阻异常体模型赤道装置和轴向装置（电偶源沿 y 轴方向布设）的视电阻率切片图。从图中可以看出，随着切片位置与源的距离的逐渐加大，低频段出现的近场高阻假异常响应逐渐减弱，由于轴向装置的切片也是沿 x 方向截取的，因此轴向装置的异常和赤道装置一样具有对称性。同时，赤道装置和轴向装置均在主测线（$y=0$m）上对低阻异常体反映最明显，其视电阻率幅值大于旁测线。主测线两侧的旁测线受电偶源的影响呈现不对称性，距离低阻异常体最远的两条旁测线（$y=1550$m、-1550m）上，赤道装置和轴向装置的视电阻率切片均未见低阻异常响应，但近源测线（$y=1550$m）处，由于近场的影响而在低频段（10Hz）以下出现大范围的高阻异常区。与主测线相邻的两条测线（$y=$225m、-225m）上，靠近源一侧（$y=225$m）切片赤道装置在模型体对应位置的低阻异常很弱，而在远离源一侧（$y=225$m）切片相应位置则有明显的低阻异常区。而轴向装置相应两条旁测线（$y=225$m、-225m）切片图的特征则非常相似，这是由于轴向装置源距离模型异常体为 7km，在 $y=225$m 时的近场影响不明显。

　　图 7.38、图 7.39 分别为低阻异常体模型赤道装置和轴向装置的相位切片图。总体上来看，赤道装置和轴向装置相位切片的特征与电阻率响应特征基本一致，在模型异常体位置出现相位高值异常区。但轴向装置模型异常体的相位高值响应幅值明显小于赤道装置，同时，相位响应特征比视电阻率响应特征相对更简单。

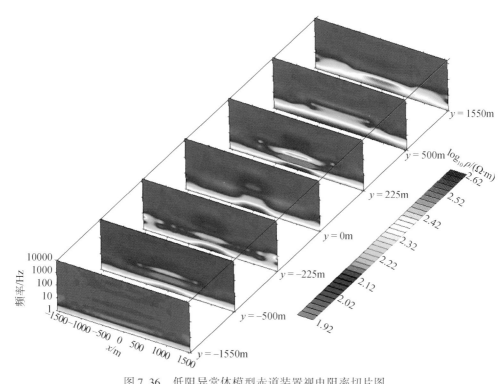

图 7.36　低阻异常体模型赤道装置视电阻率切片图

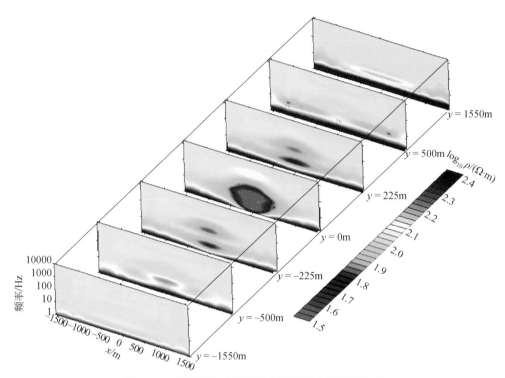

图 7.37　低阻异常体模型轴向装置视电阻率切片图

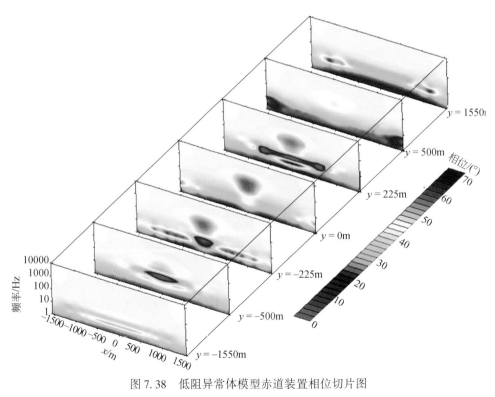

图 7.38　低阻异常体模型赤道装置相位切片图

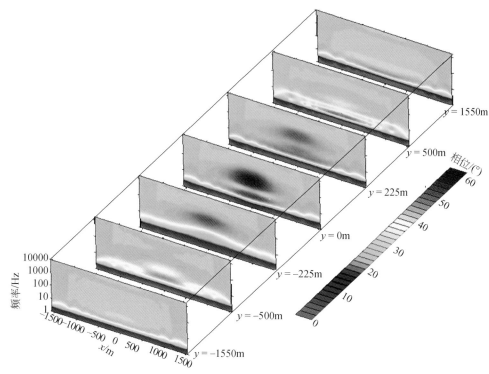

图 7.39 低阻异常体模型轴向装置相位切片图

参 考 文 献

底青云，Unsworth M，王妙月 . 2004. 复杂介质有限元法 2.5 维可控源音频大地电磁法数值模拟 . 地球物理学报，47（4）：723 ~730

付长民，底青云，许诚，等 . 2012. 电离层影响下不同类型源激发的电磁场特征 . 地球物理学报，55（12）：3958 ~3968

李帝铨，底青云，王妙月 . 2011. "地-电离层"模式有源电磁场一维正演 . 地球物理学报，54（9）：2375 ~2388

林绍忠 . 1997. 对称逐步超松弛预处理共轭梯度法的改进迭代格式 . 数值计算与计算机应用，4：266 ~270

谭捍东，余钦范，Booker J，等 . 2003. 大地电磁法三维交错采样有限差分数值模拟 . 地球物理学报，46（5）：705 ~711

徐世浙 . 1994. 地球物理中的有限单元法 . 北京：科学出版社

Coggon J H. 1971. Electromagnetic and electrical modeling by the finite element method. Geophysics，36（1）：132 ~155

Dmitriev V I，Nesmeyanova N I. 1991. Integral equation method in three-dimensional problems of low-frequecy electrodynamics. Comput. Math. Model，3：313 ~317

Key K. 2009. 1D inversion of multicomponent，multifrequency marine CSEM data：Methodology and synthetic studies for resolving thin resistive layers. Geophysics，74（2）：F9-F20

Lu X Y. 1999. Inversion of Controlled-Source Audio-Frequency Magnetotuelluric Data. University of Washington

Mackie R L，Madden T R，Wannamaker P. 1993. 3D magnetotelluric modeling using difference equations-theory and comparisons to integral equation solutions. Geophysics，58：215 ~226

Mackie R L，Smith T J，Madden T R. 1994. 3D Electromagnetic modeling using difference equations. Radio Sci. ，29：923 ~ 935

Mitsuhata Y. 2000. 2-D electromagnetic modeling by finite-element method with a dipole source and topography. Geophysics，65：465 ~ 475

Nabighian M N. 1992. Electromagnetic Method in Applied Geohpysics. Volume 1，Theory. Society of Exploration Geophysicists. Beijing：Geological Publishing House

Newmann G A，Hohmann G W. 1988. Transient electromagnetic response of high-contrast prisms in a layered earth. Geophysics，53：691 ~ 706

Pridmore D F. 1978. Three-dimensional modeling of electric and electromagnetic data using the finite-element method. University of Utah.

Rijo L. 1977. Modeling of electric and electromagnetic data. University of Utah

Smith J T，Booker J R. 1991. Rapid inversion of two-and three-dimensional magnetotelluric Data. J. Geophys. Res. ，96（B3）：3905 ~ 3922

Ting S C，Hohmann G W. 1981. Integral equation modeling of three-dimensional magnetotelluric response. Geophysics，46：182 ~ 197

Vander Vorst H A. 1992. Bi-CGSTB：a fast and smoothly converging variant of Bi-CG for the solution of nonsymmetric linear systems. SIAM Journal on Scientific and Statistical Computing，13（2）：631 ~ 644

Wang T，Hohmann G W. 1993. A Finite-difference time-domain solution for three-dimensional electromagnetic modeling. Geophysics，58：797 ~ 809

Wannamaker P E，Hohmann G W，San Filipo W A. 1984. Electromagnetic modeling of three-dimensional bodies in layered earth using integral equations. Geophysics，49：60 ~ 74

Ward S H，Hohmann G H. 1988. Electromagnetic theory for geophysical application. Tulsa：SEG，167 ~ 216

Xiong Z. 1992. EM modeling three-dimensional structures by the method of system iteration using integral equations. Geophysics，57：1556 ~ 1561

Yee K S. 1966. Numerical solution of initial boundary problems involving Maxwell's equations in isotropic media. IEEE Transaction on Antennas Propagation. AP-14：302 ~ 309

第8章 电磁数据反演成像

电磁数据反演是一项复杂的工作，由于实测数据量大，参加反演的模型参数多，需要花费大量的计算时间。特别是对于可控源音频大地电磁数据，由于包含了源的影响，反演工作更为复杂。如何快速获得可靠的反演结果是推进电磁反演问题实用化的关键。

近年来，电磁法反演技术得到了飞速发展，在众多的电磁数据反演算法中，有一些算法因提高了计算效率或降低了存储要求而受到青睐，如快速松弛反演（RRI）、共轭梯度法反演（CG）、数据空间反演等。

快速松弛反演算法首先是在 MT 资料反演中发展起来的，是一种迭代反演算法，它在目标函数的构造以及雅可比矩阵的求取上有优势。具体说来，有以下优点：①每次迭代反演只需一次正演；②使用前一次迭代得到的场来近似计算本次迭代所用的电磁场横向梯度，使得场方程变为只对 z 求导的微分方程，所以可以像作一维反演那样来作二维乃至三维的反演；③不用存储雅可比矩阵，节省了存储空间；④数据量越大其优势越明显。目前，这种方法已用于 2.5 维 CSAMT 资料及三维 MT 资料电磁反演中，均取得了较好的效果。

共轭梯度法不需要直接求解大型线性方程组，而只解方程中的一部分，因此避免了构造和存储灵敏度矩阵。与常规的反演方法比，既节省了内存，又缩短了计算时间，因此得到了广泛应用。

近些年发展起来的基于数据空间的反演算法，是把模型空间映射到数据空间中，使反演时所需求解的未知数大大减少，从而加快了反演速度。目前，该反演算法在 MT 和 CSAMT 数据反演中都有应用。

在地面电磁探测（SEP）系统研制中，反演成像软件与正演模拟软件相对应，也有 4 套，分别是 MT 二维反演软件、MT 三维反演软件、CSAMT 二维反演软件和 CSAMT 三维反演软件。其中，MT 二维反演软件采用非线性共轭梯度反演技术，MT 三维反演软件采用快速松弛反演技术，CSAMT 二维反演软件采用数据空间反演技术，CSAMT 三维反演软件采用共轭梯度反演技术，下面分小节对所用的方法技术及应用效果进行阐述。

8.1 大地电磁二维反演

在地球物理学中，解决非线性反演问题的常用手段是线性化的迭代反演。求解大地电磁反演问题的流程，大概可以归纳为以下几个步骤：①对计算区域进行离散化，得到剖分网格单元；②给定初始模型，并进行正演模拟；③计算灵敏度矩阵（即雅可比矩阵）；④求取最优化问题得到模型的修正量，并更新模型参数得到一个新的模型。以上步骤反复迭代进行，直至获得一个合理的模型为止。在反演过程中，主要计算量集中在三个方面：

①正演模拟，即计算给定模型的电磁响应；②计算雅可比矩阵，即计算与模型参数改变量相对应的模型响应改变量；③求解大型线性方程组以得到每次反演迭代所需的模型修正量。在这三部分中，第二部分和第三部分占据了整个反演过程计算量中最主要的部分。传统的线性化迭代反演方案（如高斯–牛顿法等）在反演过程的第二和第三部分耗费了大量计算时间。这里我们将介绍非线性共轭梯度反演方案，它优于传统的线性化迭代反演方案，因为它极大地减少了在第二和第三部分所消耗的计算量。它在反演过程中只需要进行2~4次"拟正演"问题计算，就可以解决第二和第三部分的问题，直接得到每次反演迭代所需的模型修正量。

8.1.1　二维非线性共轭梯度反演方法

非线性问题可以写成：

$$d = F(m) + e \tag{8.1}$$

其中，d 为数据向量；m 为模型向量；e 为误差向量；F 为正演模拟函数。数据向量 $d = [d^1, d^2, d^3, \cdots, d^N]^T$，$d^i$ 是某一特定极化方式（TM 或 TE）下，在某一观测点上某一频率视电阻率的振幅对数观测值或相位观测值。模型向量 $m = [m^1, m^2, m^3, \cdots, m^M]^T$ 是模型参数向量。为了和正演数值模拟方案一致，取 M 为模型块的个数，取 m^i 为其中某一块模型的电阻率对数值 $\log\rho$。

1. 目标函数

根据 Tikhonov 和 Arsenin（1977）的反演方案，采用一个模型的"正则解"来最小化目标函数。目标函数定义为

$$\psi(m) = (d - F(m))^T V^{-1}(d - F(m)) + \lambda\, m^T L^T L m \tag{8.2}$$

其中，正则化参数 λ 为正数；观测数据 d 和理论数据 $F(m)$ 之间的误差为 e；正定矩阵 V 为误差向量 e 的方差；取矩阵 L 为简单的二次差分拉普拉斯算子，使得当模型网格均匀时，Lm 可以近似为 $\log\rho$ 的拉普拉斯算子。目标函数的第一项为数据的拟合差，第二项为模型的光滑度。该目标函数具有数据拟合差最小和模型最光滑的双重约束。

2. 求解最优化问题

反演的结果是通过 l 次迭代产生一系列参数结果模型：$m_0, m_1, \cdots, m_l$ 使得目标函数趋于最小化，即当迭代次数 $l \to \infty$ 时，$\psi(m_l) \to \min_m \psi(m)$，其中下标 m 表示真实模型。

下面先引入目标函数的梯度 g 和目标函数的赫赛函数 H 的定义：$g^j(m) = \partial_j \psi(m)$，$H^{jk}(m) = \partial_j \partial_k \psi(m)$，$j, k = 1, \cdots, M$。$g$ 为 M 维向量，H 为 $M \times M$ 维的对称矩阵。如果用 A 表示正演函数的雅可比矩阵，则

$$A^{ij}(m) = \partial_j F^i(m), \quad i = 1, \cdots, N, \quad j = 1, \cdots, M \tag{8.3}$$

根据方程有

$$g(m) = -2A(m)^T V^{-1}(d - F(m)) + 2\lambda\, L^T L m \tag{8.4}$$

$$H(m) = 2A(m)^T V^{-1} A(m) + 2\lambda\, L^T L - 2 \sum_{i=1}^{N} q^i B_i(m) \tag{8.5}$$

其中，B_i 是 F^i 的赫赛函数，$q = V^{-1} (d - F(m))$。

非线性共轭梯度算法的模型更新顺序是由单变量最小化的顺序决定的。因此当给定了初始模型 m_0 后，从模型 m_l 更新到模型 m_{l+1} 的顺序为

$$\begin{cases} \psi(m_l + \alpha_l p_l) = \min_\alpha \psi(m_l + \alpha_l p_l) \\ m_{l+1} = m_l + \alpha_l p_l, \quad l = 0, 1, 2, \cdots \end{cases} \tag{8.6}$$

其中，$\alpha_i = -(g_i^{\mathrm{T}} p_i) / (p_i^{\mathrm{T}} H_i p_i)$，搜索方向 p 的迭代更新方式为

$$\begin{cases} p_0 = -C_0 g_0 \\ p_l = -C_l g_l + \beta_l p_{l-1}, \quad l = 0, 1, 2, \cdots \end{cases} \tag{8.7}$$

其中，C_l 为预条件因子化算子，$\beta_l = (g_i^{\mathrm{T}} C_i (g_i - g_{i-1})) / (g_{i-1}^{\mathrm{T}} C_{i-1} g_{i-1})$。

3. 预条件因子化

在式 (8.7) 中，非线性共轭梯度算法运用了预条件因子化算子 C_l，对搜索方向进行预条件因子化。预条件因子化算子对非线性共轭梯度的效率具有重要的影响，因此进行非线性共轭梯度反演时选择适当的预条件因子化算子尤为关键，主要考虑两方面：一是在运用预条件因子化算子时所要花费的计算量；二是把梯度向量转化为有效搜索方向的效率。非线性共轭梯度算法所选择的预条件因子化算子为

$$C_l = (\gamma_l I + \lambda L^{\mathrm{T}} L)^{-1} \tag{8.8}$$

其中，I 单位矩阵。将预条件因子化算子运用于梯度向量 g，通过解线性方程组获得初始搜索方向 h，h 满足如下方程

$$(\gamma_l I + \lambda L^{\mathrm{T}} L) h = g \tag{8.9}$$

8.1.2 雅可比矩阵的计算

在地球物理学中，解决非线性反演问题的常用手段是线性化迭代反演，它涉及雅可比矩阵的计算。非线性共轭梯度法也适用于线性化的迭代问题，对于线性化迭代问题涉及雅可比矩阵的计算。在计算雅可比矩阵方面，传统的一些方案（如扰动法、伴随方程法等）需要计算出雅可比矩阵 A 的所有元素，计算量很大。而非线性共轭梯度反演算法不需要计算雅可比矩阵 A，而只需要计算雅可比矩阵 A 或它的转置 A^{T} 和任意向量 x 的乘积。因此，非线性共轭梯度法适用于线性化迭代问题的求解。下面，先给出非线性共轭梯度迭代反演的大致流程，再讨论不必计算雅可比矩阵 A 中所有元素的可行性。

非线性共轭梯度迭代反演的大致流程为：

$m = m_0$（输入初始模型）

for $l = 0, 1, 2, \cdots$（共轭松弛反演）

　　if new_ref（新的参考模型）

　　　　$m_{\mathrm{ref}} = m$

　　　　$e = d - F(m_{\mathrm{ref}})$（计算数据剩余——第一次正演）

　　else

　　　　$e = e - \alpha f$

　　end

$g(m) = -2A(m_{ref})^T V^{-1} e + 2\lambda L^T L m$ （计算目标函数梯度——第二次正演）

$\psi = e^T V^{-1} e + \lambda m^T L^T L m$ （计算目标函数）

if new_dir （新搜索方向）

　　$h = C(m_{ref}) g$ （预条件因子化）

　　if steep （最陡下降方向）

　　　　$\beta = 0$

　　else

　　　　$\beta = h^T (g - g_{last}) / \gamma_{last}$

　　end

　　$p = -h + \beta p$ （更新搜索方向）

　　$g_{last} = g$

　　$\gamma_{last} = h^T g$

end

$f = A(m_{ref}) p$ （第三次正演）

$\alpha = -p^T g / 2(f^T V^{-1} f + \lambda p^T L^T L p)$ （沿搜索方向的步长）

$m = m + \alpha p$ （更新模型参数）

end for

从上述流程可以看出，整个反演过程的主要计算量（除了常规的第一次正演以外）在于计算目标函数的梯度 $g(m) = -2A(m_{ref})^T V^{-1} e + 2\lambda L^T L m$ 和 $f = A(m_{ref}) p$，即只要计算出了 $A(m_{ref})^T V^{-1} e$ 和 $A(m_{ref}) p$ 的值，便可以得到模型的修正量，进而更新模型参数。

下面将介绍如何不通过计算 $A(m_{ref})$ 的所有元素来计算 $A(m_{ref})^T V^{-1} e$ 和 $A(m_{ref}) p$ 的值。

令 $V^{-1} e = q$，则 $A(m_{ref})^T V^{-1} e$ 和 $A(m_{ref}) p$ 可记为 $A^T q$ 和 Ap。如 8.1.1 节所述，$d = F(m) + e$ 表示适用于所有极化方式和频率的非线性正演方程。对于模型参数向量 m，可以得到正演函数

$$F(m) = \log \frac{i}{\omega_j \mu} \left[\frac{a_i(m)^T v(m)^T}{b_i(m)^T v(m)^T} \right]^2 \tag{8.10}$$

正演函数与雅可比矩阵的关系如下

$$A^{ij}(m) = \partial_j F^i(m) \tag{8.11}$$

其中 $i = 1, 2, \cdots, N$ 表示数据个数；$j = 1, 2, \cdots, M$ 表示模型参数个数。

将方程（8.10）代入方程（8.11），经过一系列推导可以得出雅可比矩阵的表达式

$$A^{ij} = A_1^{ij} + A_2^{ij} \tag{8.12}$$

式中

$$A_1^{ij} = \left[\frac{2}{a_i^T v} \partial_j a_i - \frac{2}{b_i^T v} \partial_j b_i \right] \tag{8.13}$$

$$A_2^{ij} = c_i^T \partial_j v \tag{8.14}$$

这里向量 c_i 定义为

$$c_i = \frac{2}{a_i^{\mathrm{T}} v} a_i - \frac{2}{b_i^{\mathrm{T}} v} b_i \tag{8.15}$$

1. 两种传统方法计算雅可比矩阵 A

由于向量 v 可以通过解正演有限差分方程 (7.10) (见7.1节) 求得，在向量 v 和极化模式确定后，可以计算得出向量 a_i 和向量 b_i 及其部分差分，由此可以较容易地计算出 A_1^{ij}。

以下讨论 A_2^{ij} 的计算。传统的方法有两种，一是直接求取，需要解 M 次"拟正演"问题；另一种是利用正演问题的互换性以及矩阵 K 的对称性，需要解 N 次"拟正演"问题 (M 是模型参数个数，N 是数据个数)。第一种方法进行一次反演迭代计算需要正演次数为频率数×模型参数个数，第二种方法进行一次反演迭代计算需要正演次数为频率数×数据个数。这两种方法在计算雅可比矩阵时都会消耗大量的时间和内存。

2. 共轭梯度法中 $A^{\mathrm{T}}q$ 和 Ap 的计算

在共轭梯度法中，只需计算出 $A^{\mathrm{T}}q$ 和 Ap，而不需直接计算雅可比矩阵，从而大大减少了计算量。

根据方程 (8.12) 和矩阵的运算规则可得

$$Ap = A_1 p + A_2 p \tag{8.16}$$

$$A^{\mathrm{T}} p = A_1^{\mathrm{T}} q + A_2^{\mathrm{T}} q \tag{8.17}$$

方程 (8.16)~(8.17) 右端第一项可以很容易求出，下面来看方程右端的第二项。对于 Ap，根据方程 (8.14)，有

$$\sum_j A_2^{ij} p^j = c_i^{\mathrm{T}} t \tag{8.18}$$

其中，$t = \sum_j p^j \partial_j v$。并且向量 t 满足

$$Kt = \sum_j p^j (\partial_j s - (\partial_j K) v) \tag{8.19}$$

如果将 t 看作未知向量，将 $\sum_j p^j (\partial_j s - (\partial_j K) v)$ 看作方程右端向量，那么式 (8.19) 可以看作一个线性方程。通过解一次"拟正演"问题，可以得到 t。再把 t 代入方程 (8.18)，可以计算出 $A_2^{ij} p$。

同样，对于 $A^{\mathrm{T}}q$，有

$$\sum_i q^i A_2^{ij} = r^{\mathrm{T}} (\partial_j s - (\partial_j K) v) \tag{8.20}$$

这里 $r = \sum_i q^i u_i$。向量 r 满足

$$Kr = \sum_i q^i c_i \tag{8.21}$$

对方程 (8.21)，通过解一次"拟正演"问题，可以得到 r。再把 r 代入方程 (8.20)，可以计算出 $A_2^{ij} p$。

综上所述，二维非线性共轭梯度反演算法，只需要进行 2 次或 4 次 (单模式为 2 次，

双模式为4次）的"拟正演"计算就可以解决传统反演算法所面临的难题。对于一种极化模式来说，非线性共轭梯度反演算法进行一次反演迭代计算需要的正演次数为3（其中一次为常规的正演数值模拟）×频率数。相比传统的反演算法而言，它的计算效率要高得多。

8.1.3　二维反演示例

将加入噪声的理论模型正演数据作为实测数据，用自研的二维反演软件进行反演，以说明反演算法的应用效果。

设计一个二维水平低阻板状体模型进行计算。假设在围岩电阻率为$100\Omega\cdot m$的均匀半空间中存在一个二维水平低阻板状体，板状体电阻率$10\Omega\cdot m$，宽500 m，高100 m，上顶埋深300 m。将研究区域剖分成57×100个小单元，在以下40个频点上进行反演计算（表8.1）。

表8.1　MT二维反演频点

序号	频率/Hz	序号	频率/Hz	序号	频率/Hz	序号	频率/Hz
1	4096.0	11	40.0	21	1.5	31	4.688E-02
2	2048.0	12	30.0	22	1.125	32	3.516E-02
3	1024.0	13	20.0	23	0.75	33	2.344E-02
4	512.0	14	15.0	24	0.5625	34	1.758E-02
5	320.0	15	10.0	25	0.375	35	1.172E-02
6	240.0	16	7.5	26	0.2812	36	8.79E-03
7	160.0	17	6.0	27	0.1875	37	5.86E-03
8	120.0	18	4.5	28	0.1406	38	4.39E-03
9	80.0	19	3.0	29	9.375E-02	39	2.93E-03
10	60.0	20	2.25	30	7.031E-02	40	2.2E-03

用有限差分法进行二维正演，并在正演结果中加入1%的高斯随机噪声来模拟野外资料，以$100\Omega\cdot m$的均匀半空间作为初始模型，进行TM和TE双模式共轭梯度二维反演。经过100次反演迭代后，反演的结果如图8.1所示（图中白色框为模型板状体的位置）。从图中可以看出，TM和TE双模式联合反演结果反映的目标体埋深和形状与理论模型基本相近。

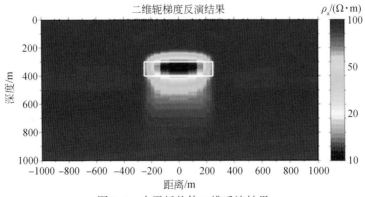

图8.1　水平板状体二维反演结果

8.2 大地电磁三维反演

地球物理反演问题一般可表示成：$\Delta d = J \cdot \Delta m$，其中，$\Delta d = d - d_0$ 是实测数据向量 d 和模型 m_0 理论响应值 d_0 之间的残差向量；Δm 是对应模型 m_0 的改正值向量；J 为雅可比矩阵或灵敏度矩阵，$J_{ij} = \partial F_i(m)/\partial m_j$，表示响应对每个模型参数的偏导数，其中 $F_i(m)$ 为第 i 个测点处的响应；m_j 为模型参数向量的第 j 个元素。反演问题的关键是进行雅可比矩阵的求解。

针对各种勘探方法的特点，地球物理工作者研究和发展了多种计算雅可比矩阵的方法。在电法勘探中得到应用的有解析法、扰动法、互易法、伴随方程法、共轭梯度法和近似法，以上这些方法的理论在许多文献中可以查到，此处不再一一赘述。不同的方法所需进行的正演次数不同（表8.2），其中近似法所需要的正演次数最少，是实现高维反演的首选方案。快速松弛反演（RRI）计算灵敏度矩阵的方法即是一种近似法。

表 8.2 计算雅可比矩阵方法所需要正演模拟次数对比表

方法	正演模拟次数
扰动法	$M \times N_f$
灵敏度方程法	$M \times N_f$
伴随方程法	$N_f \times N$
共轭梯度法	$3 \times N_f$
近似法	N_f

注：M 为模型参数个数，N_f 为频率个数，N 为测点数。

求解三维大地电磁反演问题的流程和二维大地电磁反演问题的流程相同，即①正演模拟计算；②计算雅可比矩阵；③计算模型修正量。这个过程反复进行，直至获得一个合理的模型为止。

在三维大地电磁反演方面，Randy（1993）等实现了共轭梯度法反演，大大减少了计算量。下面就上述三个过程的计算量对共轭梯度法反演（CG）和快速松弛反演（RRI）进行简单统计，统计结果见表8.3。

表 8.3 RRI 和 CG 计算量统计表

反演流程	快速松弛反演（RRI）	共轭梯度法反演（CG）
正演模拟	三维正演	三维正演
雅可比矩阵	单点反演	两次三维正演
求解模型修正量	求解小型线性方程组	求解大型线性方程组

从表8.3可以看出，进行一次反演迭代，共轭梯度法反演需要三次正演计算；在求解模型修正量时，还需要求解大型线性方程组。相对而言，RRI 的计算量则少得多。这也是我们选择 RRI 方案作为大地电磁三维反演方法的主要原因。

　　但是，在三维情况下，电磁场满足的微分方程和大地电磁响应函数的表达式都变得异常复杂。能否找到"单点反演"方案，将是决定实现三维快速松弛反演成败的关键。下面对其实现过程中的一些关键问题分别加以介绍。

8.2.1　三维快速松弛反演算法的灵敏度函数表达式

　　在 7.2 节中已给出三维张量阻抗元素计算的关系式，此处为了引用方便，重写如下

$$\begin{cases} Z_{xx} = \dfrac{E_x^{SX} H_y^{SY} - E_x^{SY} H_y^{SX}}{H_x^{SX} H_y^{SY} - H_x^{SY} H_y^{SX}} \\[4mm] Z_{xy} = \dfrac{E_x^{SY} H_x^{SX} - E_x^{SX} H_x^{SY}}{H_x^{SX} H_y^{SY} - H_x^{SY} H_y^{SX}} \\[4mm] Z_{yx} = \dfrac{E_y^{SX} H_y^{SY} - E_y^{SY} H_y^{SX}}{H_x^{SX} H_y^{SY} - H_x^{SY} H_y^{SX}} \\[4mm] Z_{yy} = \dfrac{E_y^{SY} H_x^{SX} - E_y^{SX} H_x^{SY}}{H_x^{SX} H_y^{SY} - H_x^{SY} H_y^{SX}} \end{cases} \tag{8.22}$$

其中，E_x^{SX}、E_y^{SX}、H_x^{SX}、H_y^{SX} 是源场 SX 在水平平面内产生的电、磁场分量；E_x^{SY}、E_y^{SY}、H_x^{SY}、H_y^{SY} 是源场 SY 在水平平面内产生的电、磁场分量。

　　1. XY 模式的灵敏度函数表达式

　　在定义参数 $\alpha = -H_x^{SY}/H_x^{SX}$ 和新场值 $H_y = H_y^{SY} + \alpha H_y^{SX}$，$E_x = E_x^{SY} + \alpha E_x^{SX}$，$E_y = E_y^{SY} + \alpha E_y^{SX}$，$E_z = E_z^{SY} + \alpha E_z^{SX}$ 后，三维张量阻抗元素 Z_{xy} 的表达式简化为

$$Z_{xy} = \frac{E_x}{H_y} \tag{8.23}$$

并且场值 H_y、E_x、E_z 满足下面的偏微分方程

$$\begin{cases} \dfrac{1}{E_x}\dfrac{\partial^2 E_x}{\partial z^2} + \left(\dfrac{1}{E_x}\dfrac{\partial^2 E_x}{\partial y^2} - \dfrac{1}{E_x}\dfrac{\partial^2 E_x}{\partial z \partial y} - \dfrac{1}{E_x}\dfrac{\partial^2 E_z}{\partial x \partial z} \right) + i\omega\sigma\mu_0 = 0 \\[4mm] \dfrac{\partial E_x}{\partial z} - \dfrac{\partial E_z}{\partial x} = i\omega\sigma\mu_0 H_y \end{cases} \tag{8.24}$$

　　方程（8.24）对空间任一点处场值的三个分量 $E_x(x, y, z)$、$E_y(x, y, z)$、$E_z(x, y, z)$ 都是成立的。

　　在地面处，电场的垂直分量为零，即 $E_z(x, y, z) = 0$。将其代入方程（8.24）的第二式可得

$$\left. \frac{\partial E_x}{\partial z} \right|_{(x,y,0)} = i\omega\mu_0 H_y (x, y, 0) \tag{8.25}$$

　　下面引入一个新变量 $V = V(x, y, z)$，定义

$$V = \frac{1}{E_x}\frac{\partial E_x}{\partial z} \tag{8.26}$$

结合式（8.25），变量 V 在地表的值 $V(x, y, 0)$ 满足下面的关系式

$$V(x, y, 0) = \frac{1}{E_x(x, y, 0)} \frac{\partial E_x}{\partial z}\bigg|_{(x,y,0)} = i\omega\mu_0 \frac{H_y(x, y, 0)}{E_x(x, y, 0)} = \frac{i\omega\mu_0}{Z_{xy}} \qquad (8.27)$$

对式（8.26）求偏导数 $\partial V/\partial z$，可得

$$\frac{1}{E_x}\frac{\partial^2 E_x}{\partial z^2} = \frac{\partial V}{\partial z} + V^2 \qquad (8.28)$$

将（8.28）式代入式（8.24）有

$$\frac{\partial V}{\partial z} + V^2 + \left\{\frac{1}{E_x}\frac{\partial^2 E_x}{\partial y^2} - \frac{1}{E_x}\frac{\partial^2 E_y}{\partial x \partial y} - \frac{1}{E_x}\frac{\partial^2 E_z}{\partial x \partial z}\right\} + i\omega\mu_0\sigma = 0 \qquad (8.29)$$

对于电阻率模型 σ_0，其对应的场值 E_{x0}、E_{y0}、E_{z0} 和 V_0 满足式（8.29）。

当 σ_0 产生改变量 $\delta\sigma$ 变成 σ 时，V_0 也将产生相应的改变量 δV 而变成 V。

$$\begin{cases} \sigma = \sigma_0 + \delta\sigma \\ V = V_0 + \delta V \end{cases} \qquad (8.30)$$

在一般情况下，由于场的趋肤效应，大地电磁场的垂直梯度要比水平梯度大很多。基于这样的事实，作以下近似处理

$$\begin{cases} \dfrac{1}{E_x}\dfrac{\partial^2 E_x}{\partial y^2} = \dfrac{1}{E_{x0}}\dfrac{\partial^2 E_{x0}}{\partial y^2} \\[2mm] \dfrac{1}{E_x}\dfrac{\partial^2 E_y}{\partial x \partial y} = \dfrac{1}{E_{x0}}\dfrac{\partial^2 E_{y0}}{\partial x \partial y} \\[2mm] \dfrac{1}{E_x}\dfrac{\partial^2 E_z}{\partial x \partial z} = \dfrac{1}{E_{x0}}\dfrac{\partial^2 E_{z0}}{\partial x \partial z} \end{cases} \qquad (8.31)$$

下面对式（8.29）进行扰动分析，忽略二次项，并利用近似关系式（8.31），经过整理后可得到下面的一次线性微分方程

$$\frac{\partial}{\partial z}\delta V + 2V_0\delta V + i\omega\mu_0\delta\sigma = 0 \qquad (8.32)$$

求解方程（8.32），并结合式（8.26），可得到地表处 δV 的解的表达式

$$\delta V(x, y, 0) = \frac{i\omega\mu_0}{E_{x0}^2(x, y, 0)}\int E_{x0}^2(x, y, , z)\delta\sigma(z)\mathrm{d}z \qquad (8.33)$$

为了将式（8.33）和实测资料结合起来，定义

$$d_{xy} = \ln\left\{-i\omega\mu_0\left[\frac{H_y(x, y, 0)}{E_x(x, y, 0)}\right]^2\right\} = \ln\left(\frac{V^2(x, y, 0)}{-i\omega\mu_0}\right) \qquad (8.34)$$

这样，实测资料的响应 ρ_a、φ 和 d_{xy} 的关系为

$$\begin{cases} \mathrm{Re}(d_{xy}) = -\ln\rho_a \\[2mm] \mathrm{Im}(d_{xy}) = \dfrac{3\pi}{2} - 2\varphi \end{cases} \qquad (8.35)$$

在电法资料的反演算法中，我们常取地电模型参数（电阻率）的对数值作为反演参数。这样做使得反演参数的变化范围变小，雅可比矩阵的稳定性得到改善；修改后的新模型电阻率自然大于零。

当地电模型参数取对数 $\ln\sigma(x, y, z)$ 后，地电模型参数 $\sigma(x, y, z)$ 的改变量 $\delta\sigma$ 可

表示成

$$\delta\sigma = \sigma_0\delta(\ln\sigma) \tag{8.36}$$

这样，在地表的某一测点 $(x_i,\ y_i)$ 处，对式（8.34）两边取微分，并将式（8.33）和（8.36）代入，可得到下面的关系式

$$\delta d_{xy}(x_i,\ y_i) = \int \frac{2\sigma_0 E_{x0}^2(x_i,\ y_i,\ z)}{E_{x0}(x_i,\ y_i,\ 0)H_{y0}(x_i,\ y_i,\ 0)}\delta(\ln\sigma(x_i,\ y_i,\ z))\,\mathrm{d}z \tag{8.37}$$

将 $E_{x0}(x_i,\ y_i,\ 0)$、$E_{x0}^2(x_i,\ y_i,\ z)$、$H_{y0}(x_i,\ y_i,\ 0)$ 的原始表达式代入式（8.37），经整理得

$$\delta d_{xy}(x_i,\ y_i)$$
$$= \int \frac{2\sigma_0[E_{x0}^{SY}(x_i,\ y_i,\ z) + \alpha(x_i,\ y_i,\ z)E_{x0}^{SX}(x_i,\ y_i,\ z)]^2\delta(\ln\sigma(x_i,\ y_i,\ z))}{[E_{x0}^{SY}(x_i,\ y_i,\ 0) + \alpha(x_i,\ y_i,\ 0)E_{x0}^{SX}(x_i,\ y_i,\ 0)][H_{y0}^{SY}(x_i,\ y_i,\ 0) + \alpha(x_i,\ y_i,\ 0)H_{y0}^{SX}(x_i,\ y_i,\ 0)]}\,\mathrm{d}z \tag{8.38}$$

其中

$$\alpha(x_i,y_i,z) = -\frac{H_{x0}^{SY}(x_i,y_i,z)}{H_{x0}^{SX}(x_i,y_i,z)} \tag{8.39}$$

式（8.38）就是我们最终得到的在某一测点 $(x_i,\ y_i)$ 处 XY 模式的灵敏度函数表达式。

2. YX 模式的灵敏度函数表达式

YX 模式的灵敏度函数表达式推导过程与 XY 模式类似。
类似地定义

$$d_{yx} = \ln\left\{-\mathrm{i}\omega\mu_0\left[\frac{H_x\ (x,\ y,\ 0)}{E_y\ (x,\ y,\ 0)}\right]^2\right\} = \ln\left(\frac{V^2\ (x,\ y,\ 0)}{-\mathrm{i}\omega\mu_0}\right) \tag{8.40}$$

地电模型参数同样采用对数值 $\ln\sigma\ (x,\ y,\ z)$ 表示。在地表的某一测点 $(x_i,\ y_i)$ 处，可得到下面的关系式

$$\delta d_{yx}(x_i,\ y_i)$$
$$= \int \frac{-2\sigma_0[E_{y0}^{SX}(x_i,\ y_i,\ z) + \beta(x_i,\ y_i,\ z)E_{y0}^{SY}(x_i,\ y_i,\ z)]^2\delta(\ln\sigma(x_i,\ y_i,\ z))}{[E_{y0}^{SX}(x_i,\ y_i,\ 0) + \beta(x_i,\ y_i,\ 0)E_{y0}^{SY}(x_i,\ y_i,\ 0)][H_{x0}^{SX}(x_i,\ y_i,\ 0) + \beta(x_i,\ y_i,\ 0)H_{x0}^{SY}(x_i,\ y_i,\ 0)]}\,\mathrm{d}z \tag{8.41}$$

其中

$$\beta(x_i,y_i,z) = -\frac{H_{y0}^{SX}(x_i,y_i,z)}{H_{y0}^{SY}(x_i,y_i,z)} \tag{8.42}$$

这就是我们最终得到的在地表的某一测点 $(x_i,\ y_i)$ 处 YX 模式的灵敏度函数表达式。

用离散的数值积分代替灵敏度函数中的连续积分，XY 模式灵敏度函数式（8.38）和 YX 模式灵敏度函数式（8.41）可离散成下面的形式

$$(\boldsymbol{d}-\boldsymbol{e})-\boldsymbol{d}_0 = \boldsymbol{F}\boldsymbol{m}-\boldsymbol{F}\boldsymbol{m}_0 \tag{8.43}$$

其中，$\boldsymbol{m}_0$ 为由初始模型参数组成的向量；$\boldsymbol{m}$ 为由新模型参数组成的向量；$\boldsymbol{d}_0$ 为初始模型 $\boldsymbol{m}_0$ 对应 XY 模式（或 YX 模式）的响应数据组成的向量；$\boldsymbol{d}$ 为实测 XY 模式（或 YX 模式）响应数据组成的向量；$\boldsymbol{F}$ 是 Frechet 偏导数矩阵；$\boldsymbol{e}$ 为数据拟合差向量。

至此，我们利用最小二乘法求数据拟合差 $\boldsymbol{e}^\mathrm{T}\boldsymbol{e}$ 极小值问题，便可以对式（8.43）进行

单点反演。大致的反演迭代过程为：给定初始模型，正演计算得到模型的响应及需要的场值；对每个测点计算 Frechet 偏导数矩阵，并进行单点反演得到每个测点下的地电模型；内插形成新模型；再正演得到新模型的响应和场值。若模型的响应与实测数据的拟合精度达到要求，则终止循环；否则继续。

8.2.2　求最小构造的目标函数

非唯一性是地球物理反演的固有问题。如果仅仅寻求拟合实测数据的模型往往会导致产生过于复杂的模型，或产生一些多余构造，给解释带来困难。为了减小解的非唯一性，有效的途径是定义某种以模型参数为变量的目标函数，要求目标函数取极小来对模型参数的变化进行约束。Smith 和 Booker（1991）定义了一种目标函数，在一维和二维反演中得到了好的效果。下面直接将其推广应用到三维情况中。

定义目标函数为

$$Q(x_i, y_i)$$
$$= \int_0^{max} (z+z_0)^3 \left[\frac{\partial^2 m(x_i, y_i, z)}{\partial z^2} + g_x(z) \frac{\partial^2 m(x_i, y_i, z)}{\partial x^2} \bigg|_{x=x_i} + g_y(z) \frac{\partial^2 m(x_i, y_i, z)}{\partial y^2} \bigg|_{y=y_i} \right]^2 dz \tag{8.44}$$

其中

$$g_x(z) = \alpha_x \left[\frac{\Delta x_i}{z+z_0} \right]^{\eta_x}, \quad g_y(z) = \alpha_y \left[\frac{\Delta y_i}{z+z_0} \right]^{\eta_y}, \quad \Delta x_i = x_{i+1} - x_{i-1}, \quad \Delta y_i = y_{i+1} - y_{i-1}$$

α_x、α_y 为系数，通常取值为 4。η_x、η_y 为系数，通常取值为 1.5。

同离散灵敏度函数表达式一样，用离散的数值积分代替目标函数中的连续积分，目标函数可离散成下面的形式

$$Q = (Rm - C)^{\mathrm{T}} (Rm - C) \tag{8.45}$$

其中，R 称为粗糙度矩阵，m 为模型参数组成的向量，C 为与模型节点有关的向量。矩阵 R 和向量 C 由下面的关系式确定

$$R_{k,k} = -R_{k,k-1} - R_{k,k+1} - a_{xk} - a_{yk} - b_{xk} - b_{yk} \tag{8.46a}$$

$$R_{k,k-1} = q_k^{1/2} \cdot (z_k+z_0)^{3/2} \cdot \frac{2}{(z_k-z_{k-1})(z_{k+1}-z_{k-1})}$$

$$R_{k,k+1} = q_k^{1/2} \cdot (z_k+z_0)^{3/2} \cdot \frac{2}{(z_{k+1}-z_k)(z_{k+1}-z_{k-1})}$$

$$C_k = -a_{xk} m_k(x_{i-1}, y_i) - a_{yk} m_k(x_{i+1}, y_i) - b_{xk} m_k(x_i, y_{i-1}) - b_{yk} m_k(x_i, y_{i+1}) \tag{8.46b}$$

其中

$$a_{xk} = g_x(x_i, y_j, z_k) \cdot q_k^{1/2} \cdot (z_k+z_0)^{3/2} \cdot \frac{2}{(x_i-x_{i-1})(x_{i+1}-x_{i-1})}$$

$$a_{yk} = g_y(x_i, y_j, z_k) \cdot q_k^{1/2} \cdot (z_k+z_0)^{3/2} \cdot \frac{2}{(y_j-y_{j-1})(y_{j+1}-y_{j-1})}$$

$$b_{xk} = g_x(x_i, y_j, z_k) \cdot q_k^{1/2} \cdot (z_k+z_0)^{3/2} \cdot \frac{2}{(x_{i+1}-x_i)(x_{i+1}-x_{i-1})}$$

$$b_{yk}=g_y\ (x_i,\ y_j,\ z_k)\ \cdot q_k^{1/2}\cdot(z_k+z_0)^{3/2}\cdot\frac{2}{(y_{j+1}-y_j)\ (y_{j+1}-y_{j-1})}$$

$q_k^{1/2}$ 为与数值积分有关的系数，$k=1，2，\cdots，N_z-1$。当 $k=1$ 和 $k=N_z$ 时，矩阵 $\boldsymbol{R}$ 和向量 $\boldsymbol{C}$ 的元素均为零。

求目标函数 Q 的极小化问题，也就是求解满足在三个方向上的平滑度以某种方式折衷极小的模型参数。所以我们把目标函数 Q 称为求最小构造目标函数。

8.2.3 求最小构造的快速松弛反演

为减小解的非唯一性，把式（8.46a）、（8.46b）和（8.45）组合在一起，即形成了求构造最小和数据拟合差最小双重约束的反演方法。具体的目标函数为

$$\phi=(\boldsymbol{Rm}-\boldsymbol{C})^{\mathrm{T}}(\boldsymbol{Rm}-\boldsymbol{C})+\beta\,\boldsymbol{e}^{\mathrm{T}}\boldsymbol{e} \tag{8.47}$$

$\boldsymbol{e}$ 满足下面的关系式

$$\boldsymbol{d}-\boldsymbol{d}_0=\boldsymbol{Fm}-\boldsymbol{Fm}_0+\boldsymbol{e} \tag{8.48}$$

对式（8.47）和（8.48）进行修改如下

$$\phi=(\boldsymbol{Rm}-\boldsymbol{b})^{\mathrm{T}}(\boldsymbol{Rm}-\boldsymbol{b})+\beta\,\boldsymbol{e}^{\mathrm{T}}\boldsymbol{e} \tag{8.49}$$

$$\bar{\boldsymbol{d}}=\boldsymbol{Fm}+\boldsymbol{Gp}+\boldsymbol{e} \tag{8.50}$$

其中

$$\bar{\boldsymbol{d}}=\boldsymbol{d}-\boldsymbol{d}_0+\boldsymbol{Fm}_0+\boldsymbol{Gp}_0 \tag{8.51}$$

Smith 和 Booker（1991）成功地将静位移估计和先验模型约束引入到反演中。其中，$\boldsymbol{C}$ 改成了 $\boldsymbol{b}$，可以使得模型接近某些期待的特征。$\boldsymbol{G}$ 是参数 $\boldsymbol{p}$ 相对实测数据的灵敏度矩阵。此参数 $\boldsymbol{p}$ 可用来考虑模型参数以外的其他参数，如静位移系数等。

Smith 和 Booker（1991）得到了求解由式（8.49）和（8.50）定义的极值问题。求解过程简要叙述如下。

首先将式（8.51）改写成下面的形式：

$$\bar{\boldsymbol{d}}=(\boldsymbol{FR}^{-1})(\boldsymbol{Rm}-\boldsymbol{b})+\boldsymbol{Gp}+\boldsymbol{e}+\boldsymbol{FR}^{-1}\boldsymbol{b} \tag{8.52}$$

式中，假定 $\boldsymbol{R}$ 是满秩阵。假如 $\boldsymbol{R}$ 不是满秩阵，可以借助奇异值分解将其零特征值对应的行向量移植到矩阵 $\boldsymbol{G}$ 中。

经过一系列代数运算，可得到下面的公式

$$\boldsymbol{e}^{\mathrm{T}}\boldsymbol{e}=(\boldsymbol{d}-\boldsymbol{Gp})^{\mathrm{T}}\boldsymbol{U}\ (\beta\lambda+\boldsymbol{I})^{-2}\boldsymbol{U}^{\mathrm{T}}(\boldsymbol{d}-\boldsymbol{Gp}) \tag{8.53}$$

$$\boldsymbol{Rm}-\boldsymbol{b}=\boldsymbol{H}^{\mathrm{T}}\boldsymbol{U}\left(\lambda+\frac{1}{\beta}\boldsymbol{I}\right)^{-1}\boldsymbol{U}^{\mathrm{T}}(\boldsymbol{d}-\boldsymbol{Gp}) \tag{8.54}$$

$$\boldsymbol{p}=\alpha\boldsymbol{d} \tag{8.55}$$

$$\boldsymbol{\alpha}=\left[\boldsymbol{G}^{\mathrm{T}}\boldsymbol{U}\left(\lambda+\frac{1}{\beta}\boldsymbol{I}\right)^{-1}\boldsymbol{U}^{\mathrm{T}}\boldsymbol{G}\right]^{-1}\boldsymbol{G}^{\mathrm{T}}\boldsymbol{U}\left(\lambda+\frac{1}{\beta}\boldsymbol{I}\right)^{-1}\boldsymbol{U}^{\mathrm{T}} \tag{8.56}$$

$$\boldsymbol{H}=\boldsymbol{U}\lambda^{-1}\boldsymbol{V}^{\mathrm{T}} \tag{8.57}$$

λ 是以矩阵 $\boldsymbol{H}$ 的特征值为对角元素的对角阵。

求解过程：首先对矩阵 $\boldsymbol{H}$ 进行奇异值分解，然后对给定的数据拟合差 $\boldsymbol{e}$ 用牛顿法对方程（8.53）进行求解得到 β，最后由式（8.55）式（8.54）可计算出未知参数 $\boldsymbol{p}$ 和模型 $\boldsymbol{m}$。

8.2.4　三维反演示例

为了检验三维快速松弛反演算法的正确性，对理论模型响应数据进行了反演试算。为了模拟野外资料，在理论模型的响应中加入高斯误差。

1. 二维棱柱体模型

下面是反演中使用的参数及相关信息。

测线方位：y 方向

测线条数：4

每条测线的测点数：16

测线的 x 坐标：−6725.0　−2250.0　2250.0　6725.0

每条测线上测点的 y 坐标：

−1657.5	−1195.0	−8825.0	−6725.0	−5312.5
−3750.0	−2250.0	−7500.0	7500.0	2250.0
3750.0	5312.5	6725.0	8825.0	1195.0
1657.5				

使用的频率：3.3333 Hz，1 Hz，0.3333 Hz，0.1 Hz

加入高斯随机误差大小：1%

剖分网格参数设置如下。

x、y、z 方向剖分网格单元数（N_z 不包括空中部分）：$N_x = 34$，$N_y = 34$，$N_z = 23$

各网格单元沿 x 方向的剖分间隔 $\Delta x_i (i=1, N_x)$（单位 m）：

8000 8000 8000 5500 3750 2500 1700 1125 750 500 500 500
500 500 500 500 500 500 500 500 500 500 500 500 500 750
1125 1700 2500 3750 5500 8000 8000 8000

各网格单元沿 y 方向的剖分间隔 $\Delta y_i (j=1, N_y)$（单位 m）：

8000 8000 8000 5500 3750 2500 1700 1125 750 500 500 500
500 500 500 500 500 500 500 500 500 500 500 500 500 750
1125 1700 2500 3750 5500 8000 8000 8000

各网格单元沿 z 方向的剖分间隔 $\Delta z_i (k=1, N_z)$（单位 m）：

250 250 500 500 500 500 500 500 500 500 500 500 500
500 750 1125 1700 2500 3750 5500 8000 8000 8000

图 8.2 是二维棱柱体模型三维联合反演结果。从垂直断面图和水平截面图都可以看出，反演得到的地电模型很好地反映了真实模型的分布。

2. 三维棱柱体模型

下面是反演中使用的参数及相关信息。

测线方位：y 方向

测线条数：16

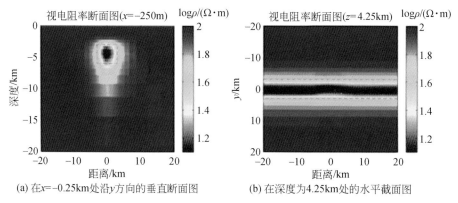

(a) 在x=−0.25km处沿y方向的垂直断面图　　　　(b) 在深度为4.25km处的水平截面图

图 8.2　二维棱柱体模型三维联合反演结果垂直断面和水平截面图（虚线为真实模型的边界）

每条测线的测点数：16

测线的 x 坐标：

−16575.	−11950.	−8825.0	−6725.0	−5312.5
−3750.0	−2250.0	−750.00	750.00	2250.0
3750.0	5312.5	6725.0	8825.0	11950.
16575.				

每条测线上测点的 y 坐标：

−16575.	−11950.	−8825.0	−6725.0	−5312.5
−3750.0	−2250.0	−750.00	750.00	2250.0
3750.0	5312.5	6725.0	8825.0	11950.
16575.				

使用的频率：3.3333Hz，1Hz，0.3333Hz，0.1Hz

加入高斯随机误差大小：1%

剖分网格参数设置如下，

x、y、z 方向剖分网格单元数（N_z 不包括空中部分）：$N_x=34$，$N_y=34$，$N_z=23$

各网格单元沿 x 方向的剖分间隔 $\Delta x_i(i=1,\ N_x)$（单位 m）：

8000 8000 8000 5500 3750 2500 1700 1125 750 500 500 500

500 500 500 500 500 500 500 500 500 500 500 500 500 750

1125 1700 2500 3750 5500 8000 8000 8000

各网格单元沿 y 方向的剖分间隔 $\Delta y_j(j=1,\ N_y)$（单位 m）：

8000 8000 8000 5500 3750 2500 1700 1125 750 500 500 500

500 500 500 500 500 500 500 500 500 500 500 500 500 750

1125 1700 2500 3750 5500 8000 8000 8000

各网格单元沿 z 方向的剖分间隔 $\Delta z_k(k=1,\ N_z)$（单位 m）：

250 250 500 500 500 500 500 500 500 500 500 500 500

500 750 1125 1700 2500 3750 5500 8000 8000 8000

图 8.3 是三维棱柱体模型三维联合反演结果。从垂直断面图和水平截面图都可以看

出，反演得到的地电模型很好地反映了真实模型的分布。

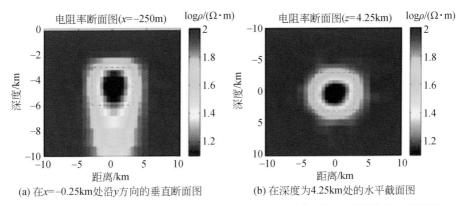

(a) 在x=−0.25km处沿y方向的垂直断面图　　　(b) 在深度为4.25km处的水平截面图

图 8.3　三维棱柱体模型三维联合反演结果垂直断面和水平截面图（虚线为真实模型的边界）

3. 高低阻三维棱柱体组合模型

图 8.4 是设计的高低阻三维棱柱体组合模型水平切片和垂直切片图。反演使用的参数和三维棱柱体模型反演参数相同。

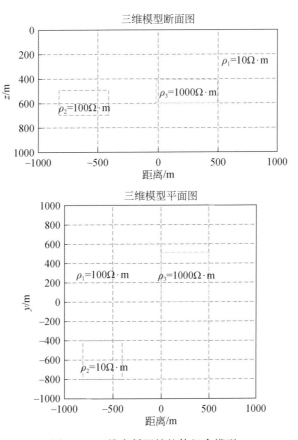

图 8.4　三维高低阻棱柱体组合模型

　　图8.5是反演结果切片图。从图中可见，反演结果较好地反映了真实模型的分布特征。

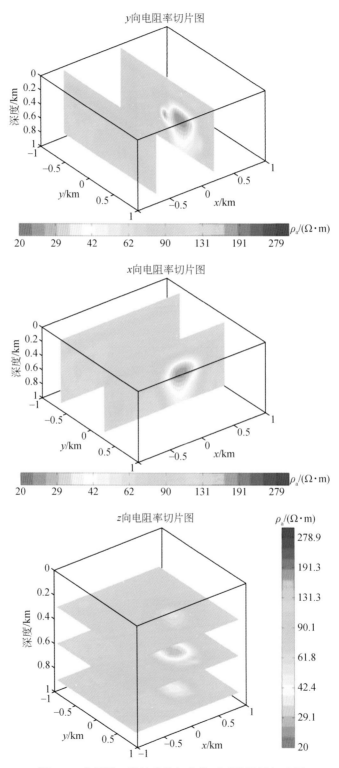

图8.5　高低阻三维棱柱体组合模型反演结果切片图

8.3　可控源音频大地电磁二维反演

通过 7.2.3 节的正演研究，完成了二维可控源音频大地电磁正演计算，本节研究二维反演，研究的重点集中在反演算法的选取和雅可比矩阵的求取。下面将介绍数据空间反演方法，以及用伴随方程方法推导频率波数域中雅可比矩阵计算的公式。

8.3.1　数据空间反演

反演时构建如式（8.58）所示的目标函数，使得观测数据与反演模型计算的数据能拟合上，同时反演模型的 2 范数最小，拟合差和参数约束对反演的贡献通过拉格朗日因子 λ 来平衡，对数据和模型分别加上协方差矩阵 C_d 和 C_m。

$$W_\lambda(\boldsymbol{m}) = \boldsymbol{m}^{\mathrm{T}} \boldsymbol{C}_m^{-1} \boldsymbol{m} + \lambda^{-1} \left\{ [\boldsymbol{d} - \boldsymbol{F}(\boldsymbol{m})]^{\mathrm{T}} \boldsymbol{C}_d^{-1} [\boldsymbol{d} - \boldsymbol{F}(\boldsymbol{m})] \right\} \tag{8.58}$$

反演是一个非线性问题，常用的反演方法是将非线性问题线性化，利用泰勒展开式将响应函数 $\boldsymbol{F}(\boldsymbol{m})$ 线性化转成下式

$$\boldsymbol{F}(\boldsymbol{m}_{k+1}) = \boldsymbol{F}(\boldsymbol{m}_k + \delta\boldsymbol{m}) = \boldsymbol{F}(\boldsymbol{m}_k) + \boldsymbol{J}_k(\boldsymbol{m}_{k+1} - \boldsymbol{m}_k) \tag{8.59}$$

其中，$\boldsymbol{J}_k$ 为 $N \times M$ 维的雅可比矩阵，且 $\boldsymbol{J}_k = \partial\boldsymbol{F}/\partial\boldsymbol{m}|_{m_k}$。将式（8.59）代入式（8.58）中，得到下式

$$W_\lambda(\boldsymbol{m}) = \boldsymbol{m}_{k+1}^{\mathrm{T}} \boldsymbol{C}_m^{-1} \boldsymbol{m}_{k+1} + \lambda^{-1} \left\{ [\hat{\boldsymbol{d}}_k - \boldsymbol{J}_k \boldsymbol{m}_{k+1}]^{\mathrm{T}} \boldsymbol{C}_d^{-1} [\hat{\boldsymbol{d}}_k - \boldsymbol{J}_k \boldsymbol{m}_{k+1}] \right\} \tag{8.60}$$

其中，$\hat{\boldsymbol{d}}_k = \boldsymbol{d} - \boldsymbol{F}[\boldsymbol{m}_k] + \boldsymbol{J}_k \boldsymbol{m}_k$。对目标函数取极小值，得到反演迭代计算模型的公式

$$\boldsymbol{m}_{k+1}(\lambda) = [\lambda \boldsymbol{C}_m^{-1} + \boldsymbol{\Gamma}_k^m]^{-1} \boldsymbol{J}_k^{\mathrm{T}} \boldsymbol{C}_d^{-1} \boldsymbol{X}_k \tag{8.61}$$

其中，$\boldsymbol{X}_k = \boldsymbol{d} - \boldsymbol{F}[\boldsymbol{m}_k] + \boldsymbol{J}_k \boldsymbol{m}_k$，$\boldsymbol{\Gamma}_k^m = \boldsymbol{J}_k^{\mathrm{T}} \boldsymbol{C}_d^{-1} \boldsymbol{J}_k$，$\boldsymbol{\Gamma}_k^m$ 是一个 $M \times M$ 大小的对称正定矩阵，迭代计算上式即可得到反演结果。

这是常用的反演方法，这种反演方法求解的参数多，计算量大，下面引入数据空间的反演方法，可以将求解参数大大减少。Parker（1994）和 Siripunvaraporn 等（2005）分别介绍和运用了这种反演方法。运用矩阵的一些性质，如 $(\boldsymbol{J}_k^{-\mathrm{T}})^{-1} = \boldsymbol{J}_k^{\mathrm{T}}$ 和 $(\boldsymbol{AB})^{-1} = \boldsymbol{B}^{-1}\boldsymbol{A}^{-1}$，经过一系列的数学变换，可以将式（8.61）表示为 $\boldsymbol{C}_m \boldsymbol{J}_k^{\mathrm{T}}$ 和 β_{k+1} 的线性组合（见式（8.62）），其中 $\boldsymbol{C}_m \boldsymbol{J}_k^{\mathrm{T}}$ 为基函数，β_{k+1} 为线性系数，这样将求解反演模型参数 $\boldsymbol{m}$ 的问题转化成求解系数 β_{k+1} 的问题。

$$\begin{aligned} \boldsymbol{m}_{k+1}(\lambda) &= [\lambda \boldsymbol{C}_m^{-1} + \boldsymbol{J}_k^{\mathrm{T}} \boldsymbol{C}_d^{-1} \boldsymbol{J}_k]^{-1} \boldsymbol{J}_k^{\mathrm{T}} \boldsymbol{C}_d^{-1} \boldsymbol{X}_k \\ &= \boldsymbol{C}_m [\lambda \boldsymbol{I} + \boldsymbol{J}_k^{\mathrm{T}} \boldsymbol{C}_d^{-1} \boldsymbol{J}_k \boldsymbol{C}_m]^{-1} \boldsymbol{J}_k^{\mathrm{T}} \boldsymbol{C}_d^{-1} \boldsymbol{X}_k \\ &= \boldsymbol{C}_m [\lambda \boldsymbol{I} + \boldsymbol{J}_k^{\mathrm{T}} \boldsymbol{C}_d^{-1} \boldsymbol{J}_k \boldsymbol{C}_m]^{-1} (\boldsymbol{J}_k^{-\mathrm{T}})^{-1} \boldsymbol{C}_d^{-1} \boldsymbol{X}_k \\ &= \boldsymbol{C}_m [\boldsymbol{C}_d^{-1} \boldsymbol{J}_k^{-\mathrm{T}} (\lambda \boldsymbol{I} + \boldsymbol{J}_k^{\mathrm{T}} \boldsymbol{C}_d^{-1} \boldsymbol{J}_k \boldsymbol{C}_m)]^{-1} \boldsymbol{X}_k \\ &= \boldsymbol{C}_m \boldsymbol{J}_k^{\mathrm{T}} [\lambda \boldsymbol{C}_d + \boldsymbol{J}_k \boldsymbol{C}_m \boldsymbol{J}_k^{\mathrm{T}}]^{-1} \boldsymbol{X}_k \\ &= \boldsymbol{C}_m \boldsymbol{J}_k^{\mathrm{T}} \beta_{k+1} \end{aligned} \tag{8.62}$$

其中，$\beta_{k+1} = [\lambda \boldsymbol{C}_d + \boldsymbol{J}_k \boldsymbol{C}_m \boldsymbol{J}_k^{\mathrm{T}}]^{-1} \boldsymbol{X}_k$。将式（8.62）代入式（8.60）中，得到关于系数 β_{k+1} 的目标函数

$$W = \beta_{k+1}^{\mathrm{T}} \boldsymbol{\Gamma}_k^m \beta_{k+1} + \lambda^{-1} \left\{ [\hat{\boldsymbol{d}}_k - \boldsymbol{\Gamma}_k^m \beta_{k+1}]^{\mathrm{T}} \boldsymbol{C}_d^{-1} [\hat{\boldsymbol{d}}_k - \boldsymbol{\Gamma}_k^m \beta_{k+1}] \right\} \tag{8.63}$$

其中，$\boldsymbol{\Gamma}_k^n = \boldsymbol{J}_k \boldsymbol{C}_m \boldsymbol{J}_k^{\mathrm{T}}$，是一个 $N \times N$ 大小的正定对称矩阵。对目标函数求极小值得到系数因子 β_{k+1} 的表达式

$$\beta_{k+1} = (\lambda \boldsymbol{C}_d + \boldsymbol{\Gamma}_k^n)^{-1} \hat{\boldsymbol{d}}_k \tag{8.64}$$

最终数据空间的反演即求解式（8.64），然后通过式（8.62）求出模型向量 $\boldsymbol{m}$。在模型空间反演迭代中涉及求解 $M \times M$ 大小的方程，而在数据空间中仅涉及 $N \times N$ 大小的方程，实际资料处理中，通常 M 大于 N，这样数据空间反演迭代中的运算量小于模型空间的运算量。

另外在模型空间反演中，涉及模型协方差矩阵 $\boldsymbol{C}_m$ 逆的求取，为了避免逆的求解，只能通过其他方法求解。而在数据空间反演中，不涉及协方差矩阵 $\boldsymbol{C}_m$ 逆的求解。Egbert（1994）介绍了一种方便快捷的求解协方差矩阵 $\boldsymbol{C}_m$ 的方法，Siripunvaraporn（2005）将其运用到大地电磁二维和三维反演方法中，本节也将使用这种方法。

8.3.2 雅可比矩阵

在 2.5 维电磁法反演中，一般采用伴随方程这种相对快速而有效的方法来求取雅可比矩阵。McGillivray 等（1994）将其引入到频率域的反演中，现在的 2.5 维反演中普遍使用这种方法计算雅可比矩阵。这种算法的计算量与采集数据量大小有关，当反演用的数据小于模型数据时，不失为一种很好的方法，且实际情况也常常被用来解决欠定问题。

灵敏度矩阵求取的工作量主要集中在不同测点电磁场响应的计算，而正演计算的主要工作是求解线性方程组。当进行实际场源和伴随场源正演计算时，对给定频率和波数值，方程左端矩阵是一样的，仅右端向量不同，所以只需将左端用三角分解方法分解一次，回代不同的右端向量，就可以求出不同场源时的正演结果。

因此在反演算法中，求解稀疏矩阵方程组时，不再使用预处理的共轭梯度方法，而采用上述求系数矩阵方法的软件（Yale Sparse Matrix Package（1992）），该软件代码适用于 CSR 格式存储的稀疏矩阵，方便程序的调用，采用高斯消元方法求解线性方程组。这样在正演计算中就可以通过回代不同的右端向量，求出灵敏度矩阵，加快反演速度。

8.3.3 二维反演示例

通过几个典型的模型计算来验证二维可控源音频大地电磁反演算法的正确性。

1. 低阻体模型

首先通过一个简单的低阻体模型来验证程序的正确性。建立图 8.6 所示模型，在背景值为 $100\Omega \cdot m$ 的均匀半空间中有一电阻率为 $10\Omega \cdot m$ 的低阻异常体，异常体的埋深为 40m，厚 240m，长 280m，异常体中心投影点距离场源 4300m。发射采用 x 向电偶极子，频率从 1000Hz 到 1Hz 按对数等间隔取 10 个频率值，接收点从 4000m 至 5000m，间距为 40m，对上述模型的正演数据加 2% 的随机噪声进行反演。

反演采用 $100\Omega \cdot m$ 均匀半空间作为初始模型。图 8.7 绘制了取电阻率反演剖面图，从图中可以看出在 4300~4600m 间存在一低阻体，反演结果能很好地将低阻体恢复出来。

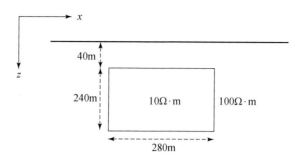

图 8.6 低阻体模型示意图

图 8.8 为反演迭代误差变化曲线图, 可看出反演结果很快收敛。通过以上结果分析可以说明本程序的正确性。

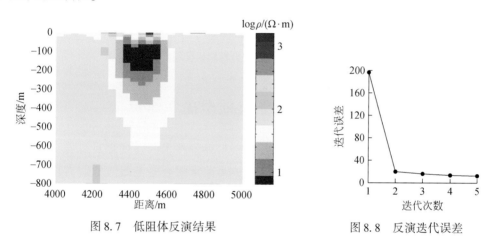

图 8.7 低阻体反演结果

图 8.8 反演迭代误差

2. 组合模型

建立如图 8.9 所示的模型, 在背景值为 $100\Omega \cdot m$ 的均匀半空间中有一个电阻率为 $10\Omega \cdot m$ 的低阻异常体和一个电阻率为 $1000\Omega \cdot m$ 的高阻异常体, 两个异常体的埋深为 $100m$, 厚 $100m$, 长 $200m$, 低阻异常体中心投影点距离场源 $4300m$。发射采用 x 向电偶极子, 发射频率从 $1000Hz$ 到 $1Hz$ 按对数等间隔取 10 个频率值, 接收点从 $4000m$ 至 $5000m$, 间距为 $40m$, 对上述模型的正演数据加 2% 的随机噪声进行反演。

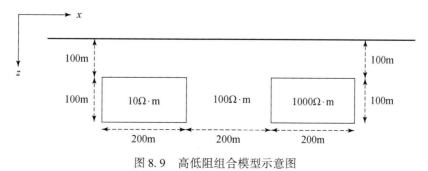

图 8.9 高低阻组合模型示意图

反演使用 $100\Omega \cdot \mathrm{m}$ 均匀半空间作为初始模型。图 8.10 显示了取对数后的电阻率反演结果，从图中可以看出在 $4300 \sim 4500\mathrm{m}$ 存在一个低阻体 $4700 \sim 4900\mathrm{m}$ 存在一个相对高阻体，反演结果能很好地将低阻体恢复出来，基本上也反映出高阻体的位置和埋深。

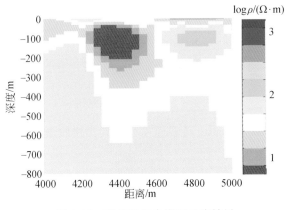

图 8.10　高低阻组合模型反演结果

8.4　可控源音频大地电磁三维反演

与大地电磁法相比，可控源音频大地电磁资料处理技术的发展相对缓慢。其主要原因是可控源音频大地电磁法采用人工可控信号源，需要求解有源电磁波散射方程，因此处理方法相对复杂。为了解决这个问题，可以采用在正演中包含源的直接反演算法，在实际工作中不需要区分"远、近区资料"，并得到较可靠的反演断面。

在 SEP 系统的三维 CSAMT 反演软件中，正演采用交错采样有限差分法，反演采用共轭梯度法，这两种方法在前面都已述及，此处不再赘述。本节主要介绍目标函数的构造与反演流程。

8.4.1　目标函数

CSAMT 三维共轭梯度反演算法的目标函数定义为

$$\psi(\boldsymbol{m})=\left[\boldsymbol{D}^{\mathrm{obs}}-\boldsymbol{F}(\boldsymbol{m})\right]^{\mathrm{T}}\boldsymbol{V}^{-1}\left[\boldsymbol{D}^{\mathrm{obs}}-\boldsymbol{F}(\boldsymbol{m})\right]+\lambda\,(\boldsymbol{m}_0-\boldsymbol{m})^{\mathrm{T}}\boldsymbol{L}^{\mathrm{T}}L(\boldsymbol{m}_0-\boldsymbol{m}) \qquad (8.65)$$

其中，$\boldsymbol{D}^{\mathrm{obs}}$ 表示观测视电阻率或相位数据；$\boldsymbol{F}(\boldsymbol{m})$ 为求取 CSAMT 响应的正演函数；$\boldsymbol{V}$ 为数据方差；λ 为正则化参数；$\boldsymbol{L}$ 为简单的二次差分拉普拉斯算子，$\boldsymbol{m}_0$ 为先验模型。目标函数的梯度相应可表示为

$$\boldsymbol{g}=-2\,\boldsymbol{A}^{\mathrm{T}}\boldsymbol{V}^{-1}\boldsymbol{e}+2\lambda\,\boldsymbol{L}^{\mathrm{T}}L(\boldsymbol{m}_0-\boldsymbol{m}) \qquad (8.66)$$

这里，$\boldsymbol{A}$ 表示雅可比矩阵，数据误差向量 $\boldsymbol{e}=\boldsymbol{D}^{\mathrm{obs}}-\boldsymbol{F}(\boldsymbol{m})$。

8.4.2　反演流程

CSAMT 三维共轭梯度反演算法的流程见图 8.11。

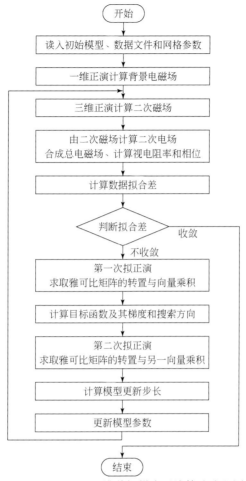

图 8.11 CSAMT 三维共轭梯度反演算法流程图

8.4.3 三维反演示例

为了检验三维 CSAMT 反演软件的有效性，设计了两个地电模型。

1. 单个棱柱体模型

设计的低阻棱柱体模型如图 8.12 所示。电阻率为 10Ω·m 的低阻棱柱体埋藏于电阻率为 100Ω·m 的均匀半空间，棱柱体大小为 200m×200m×100m，顶面埋深为 100m。

取棱柱体中心在地表处的投影点为坐标原点，在 x=0km，y=−7km，z=0km 的地表处放置长度为 100m 的 x 方向水平电偶极源。三维网格剖分为 46×46×33（含 10 个空气层）。用 CSAMT 三维共轭梯度反演程序的正演代码部分计算出单棱柱体模型在地表所有剖分网格单元中心点处产生的 9 个频率（4000Hz、2000Hz、1000Hz、500Hz、200Hz、100Hz、10Hz、1Hz 和 0.1Hz）的视电阻率和相位数据。

对地表 900 个测点处（测区范围 x：−300～300m，y：−300～300m）的 9 个频率视电阻率 ρ_{sxy} 和相位数据 ϕ_{xy} 中加入 1% 高斯随机误差后用 CSAMT 三维共轭梯度反演程序在计算

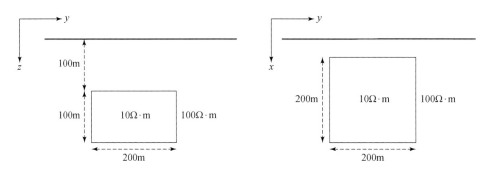

图 8.12　三维低阻棱柱体模型示意图

机上进行反演。计算机的配置为：Intel（R）core（TM）i7 处理器，主频 2.93GHz，内存 4.0G。经过 33 次反演迭代，耗时 22h11min，数据的拟合方差从初始值 12.06% 收敛到 0.99% 迭代结束，反演的结果见图 8.13。

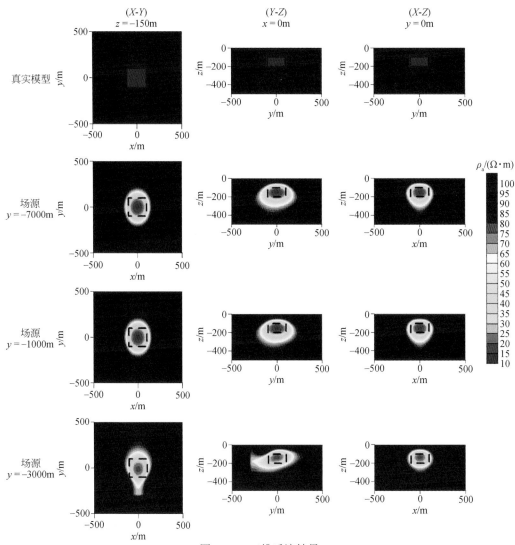

图 8.13　三维反演结果

图中第一行表示真实模型，第二行为场源位于 $x=0$km，$y=-7$km，$z=0$km 处时的三维反演结果，第三行为场源位于 $x=0$km，$y=-1$km，$z=0$km 处时的三维反演结果，第四行为场源位于 $x=0$km，$y=-0.3$km，$z=0$km 处时的三维反演结果。第一列为深度 150m 处的水平截面图，第二列为 $x=0$m 处沿 y 方向的垂直断面图，第三列为 $y=0$m 处沿 x 方向的垂直断面图。黑色虚线表示棱柱体的边界。

当场源位于 $x=0$km，$y=-7$km，$z=0$km 时，其相对测区的位置及所使用的频率，测区可近似看作远区，反演结果和理论模型基本一致。为了检验三维反演程序是否可用于对过渡区和近区数据进行三维反演，其他参数保持不变，把场源位置改为 $x=0$km，$y=-1$km，$z=0$km 和 $x=0$km，$y=-0.3$km，$z=0$km，三维反演的结果见图 8.13 的第三行和第四行。从图中可以看出，除了当场源位于 $x=0$km，$y=-0.3$km，$z=0$km 时，三维反演得到的低阻体在 y 方向稍微有些拉长，其余结果都基本与理论模型相一致。

2. 高低阻三维棱柱体组合模型

本节使用的高低阻三维异常体组合模型和 8.2.4 节使用的模型相同（见图 8.4）。图 8.14 为反演结果三个方向的视电阻率切片图，可以看出三维反演结果较好地反映了真实模型的分布特征。

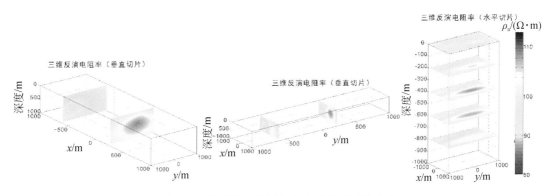

图 8.14　高低阻三维棱柱体组合模型反演结果

3. 实测资料算例

中国科学院地质与地球物理研究所和中国地质大学（北京）在辽宁新城某矿区利用 SEP 系统完成了 4 条测线的 CSAMT 数据采集，线距 50m，每条测线长约 4km，测点距离 20m。

对 4 条测线 1000～2200m 范围内的测点数据进行三维反演，得到了 1000～2200m 区段的三维电阻率模型和 4 条测线电阻率剖面图（图 8.15）。

由于 4 条测线间距 50m，对比 4 条测线电阻率剖面图，电性变化差异不大，浅层 200m 以内出现高阻层，在 500m 深度附近出现低阻层，和实际地质情况吻合较好。

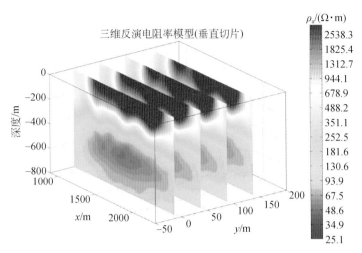

图 8.15　辽宁某矿区实测 CSAMT 资料三维反演结果切片图

参 考 文 献

潘渝，王光锷，陈乐寿等 . 1987. 二维地电构造大地电磁测深资料的解析方法 . 石油地球物理勘探，
　　22（3）：315～328

谭捍东，余钦范，John Booker. 2003. 大地电磁法三维快速松弛反演 . 地球物理学报，46（6）：850～855

吴小平，徐果明 . 2000. 利用共轭梯度法的电阻率三维反演研究 . 地球物理学报，43（3）：420～427

Egbert G D, Bennett A F, Foreman M G. 1994. TOPEX/POSEIDON tides esfimated wsing a global inverse
　　model. Geophysics. 99, 24821-24852.

Lu X, Unsworth M, Booker J. 1999. Rapid relaxation inversion of CSAMT data. Geophys, 138（1）：381～392

Mackie R L, Madden T R. 1993. Three-dimensional magnetotelluric inversion using conjugate gradients. Geophys,
　　115：215～229.

MeGillivra P R, Oldenburg D W, Ellis R G. 1994. Calculation of sensitivities for the frequency domain
　　electromagnetic problem. Geophys. , 116（1）：1～4

Newman G A, Alumbaugh D L. 1997. Three-dimensional massively parallel electromagnetotelluric inversion-
　　I. Geophys, 128；345～354

Parker R L. 1994. Geophysical inverse theory. Princeton University Press, Princeton

Portniaguine O, Zhdanov M S. 1999. Focusing geophysical inversion images. Geophysics, 64；874～887

Rodi W L. 1976. A techinique for improving the accuracy of finite element solutions for magnetotelluric
　　data. Geophys. , 44；483～506

Siripunvaraporn W, Egbert G, Lenbury Y. 2005. Three-dimensional magnetotelluric inversion：data-space meth-
　　od. Physics of the Earth and Planetary Interiors, 150；3～14

Smith J T, Booker J R. 1991. Rapid inversion of two-and three-dimensional magnetotelluric data. J. Geophys. Res. ,
　　96（B3）：3905～3922

Tikhonov A. N. , Arsenin V. Ya. 1977. Solution of ill-poseel problems. Winston and Sons, Washingfon

第9章　系统集成实验与典型矿区野外测试

9.1　系统总体设计

地面电磁探测（SEP）系统由发射机、分布式采集站、电场传感器、磁场传感器、数据传输与状态监测、数据处理与解释分系统构成，它是一套完整的能探测地下复杂电性磁性结构的地球物理电磁探测仪器系统。

为了将具有单一功能的各单元集成为各部件协调工作的有机整体，SEP 系统合理界定了各分系统在整个系统中的功能，各分系统在 SEP 系统中的位置框图如图 9.1 所示。SEP 系统严格定义了采集站与电磁场传感器、芯片级原子钟与采集站之间物理接口的机械特性和电气特性；制定了基于 UTC（coordinated universal time，UTC）时间的发射机与采集站的收发同步协议；约定了仪器记录数据与处理解释软件之间的数据存储格式。

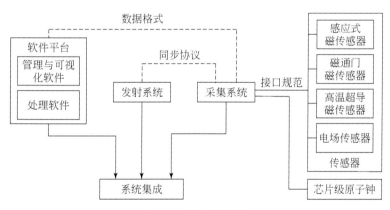

图 9.1　SEP 系统框图

通过采用分布式模块化的系统架构，同时制定子系统之间互联需要的接口规范、同步协议和数据格式，使各分系统保持相对独立，便于在系统集成之前开展分头攻关，分系统研制齐头并进从而加快整个项目的研究进度。后续的集成优化与野外探测试验表明，当初系统总体设计架构是完全正确的。

硬件接口规范规定了各分系统输入输出接口的机械特性和电气特性。优先选择现有的标准接口，同时考虑兼容国际主流同类仪器的相应配件以便于对比试验研究。对于电气特性，重点关注系统功耗以及电传感器之间的一致性，遵循"最小能量原理"，实现整个系统能量消耗最小。

9.1.1　发射机接口

发射机输入电压为三相交流，幅值范围为 220～380V，频率为 50Hz，宽范围输入方便，发射机和市场上现有发电机进行配套使用。发射机最大输出功率 50kW，最高输出电压 1000V。由于发射机功率较大，考虑到电气绝缘要求，输入输出接口采用耐高压大电流的接线端子。

9.1.2　采集站接口

采集站为电池供电的低功耗仪器，输入电压为直流，幅值范围为 9～18V，符合现有常规锂电池或铅酸电池的电压标准。采集通道信号输入范围±10V，电场和磁场传感器输入接口采用符合 MIL-C-26482 标准的航空插头，其中磁传感器输入接口与国际主流仪器 Phoenix 公司 V8 主机兼容，GPS 天线输入采用 BNC 接口，WIFI 天线输入采用 SMC 接口。

9.1.3　磁传感器接口

为了便于与国际主流磁传感器的对比，三种磁传感器的接口均与 Phoenix 公司感应式磁传感器接口兼容，磁传感器供电电压±15V，见图 9.2。

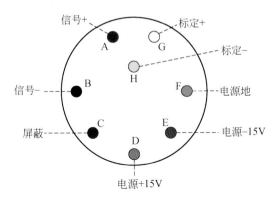

图 9.2　磁传感器输出接口图

9.1.4　收发同步协议

由于 CSAMT 需要测量的频点较多，各频点之间的切换方式影响效率。为了协调发射机和接收机的工作过程，实现稳态测量并提高测量效率，提出一种基于 UTC 时间分配的多频点自动扫频收发同步协议，实现发射接收按给定的频率表自动顺序进行工作，工作原理如图 9.3 所示。

假定需要测量的频率值依次为 f_1，f_2，f_3，$\cdots$，f_N，频点个数为 N，根据各频率的采样率和采样长度，分配相应的测量时间依次为 t_1，t_2，t_3，$\cdots$，t_N，所有频率测量时间的总和即为扫描周期 T。以 GPS 提供的当日 UTC 时间 00：00：00 开始，依次循环分配各频点的测量时间。对于发射过程，发射机读取 GPS 当前时间作为发射起始时间，根据发射起始时间从时间分配表中寻找到当前应该发射的频率 f_K，然后从下一个频点 f_{K+1} 起按频率表进行同步发射；对于接收过程，接收机读取 GPS 当前时间作为接收起始时间，根据接收起始时间从时间分配表中寻找到当前正在发射的频率 f_R，然后从下一个频点 f_{R+1} 起设置相应的采样频率进行同步采集。由于采用循环收发的工作模式，当第一个测量频点 f_{R+1} 再次到来前扫频结束。在每个频率分配的时间里，发射机一直处于发射状态，采集单元只在期间进行采集，保证数据记录期间发射系统已经建立起稳定的电磁场。

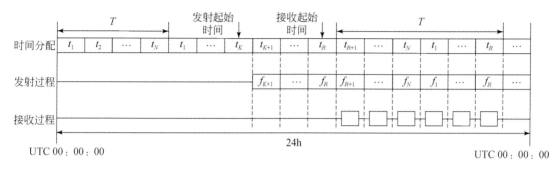

图 9.3　扫频收发同步示意图

9.2　系统集成与室内测试

在进行系统集成前，首先进行各分系统的指标参数测试，反复检测单个设备单元、协调设备间的接口参数，例如，信号电平、接口标准和时序标准等测试，检验各分系统是否达到设计要求；在各分系统各项性能指标通过测试的基础上，在实验室利用标准或自行研制的信号源产生模拟不同方法的被测信号，以检验仪器进行不同方法测量的功能是否正常。

9.2.1　系统参数测试

1. 环境适应能力测试

地面电磁探测系统应用的野外工作环境多变，仪器在不同野外环境下的适应性尤其重要，因此对所研制的各分系统首先进行了环境适应能力测试，主要包括抗冲击能力测试、电磁兼容水平测试、高低温（-30~70℃）环境测试、防护（防水、防沙尘）等级测试、湿度环境测试等。

2. 发射机参数测试

发射机是具有大功率输出能力的电气设备，输出电流较大、电压较高，因此首先对其安全性和稳定性进行了评估测试，包括输入和输出之间的绝缘特性、输入输出对大地的绝缘特性、中低功率长时间连续工作的稳定性等。在确定发射机安全可靠运行的前提下，利用实验室的大功率可调负载电阻箱，对发射机最大输出功率、额定输出电压和额定输出电流等指标参数按专业实验室的测定技术规范标准进行了详细测试。

3. 采集站参数测试

采集站是对电磁场传感器拾取的微弱电信号进行采集并记录的设备，仪器本底噪声水平直接决定可检测最小信号的能力。采集站参数测试包括短路噪声测试、动态范围测试、最小分辨率测试、输入阻抗测试和采集通道的频率（幅频和相频）特性测试等，同时还对手持平板设备与采集站之间的数据传输速率和稳定性进行了测试。上述测试均按规定技术规范标准进行。

4. 磁传感器参数测试

磁传感器是基于不同物理原理将磁感应强度转换为电压信号的装置。由于磁传感器对环境中的电磁干扰噪声极为敏感，磁传感器参数测试在专业的磁屏蔽室进行，参数测试内容包括频段范围、噪声水平、灵敏度、幅频和相频特性等。

5. 软件的实验室测试

用理论模型资料对软件所有模块的可靠性和有效性进行了检验，并检验模块与模块之间的衔接，检查各软件的整体性能是否达到预期的目的。通过反复测试并进行不断改进，直至达到设计预期。

9.2.2　系统功能测试

1. MT 方法噪声测试

采用安捷伦公司任意波形发生器 33522A 产生两路独立的白噪声信号，用于模拟野外天然电磁场信号，在实验室内对仪器进行 MT 方法的噪声测试，包括白噪声测试和平行白噪声测试两种。

1）白噪声测试

信号发生器 33522A 产生的其中一路白噪声信号接入 SEP 采集站的 E_x（NS）和 H_y（Hz）输入端，另一路白噪声信号接入 SEP 采集站的 E_y（EW）和 H_x 输入端，如图 9.4 所示。

SEP 采集站按 MT 方法的采集模式记录数据 2h。由于相互正交的电场分量与磁场分量（E_x 与 H_y，E_y 与 H_x）的输入信号相同，按 MT 方法阻抗定义进行数据处理时，可以获得仪器的传递函数。

2）平行白噪声测试

信号发生器 33522A 产生的其中一路白噪声信号接入 SEP 采集站的 E_x 和 E_y 输入端，另一路白噪声信号接入 SEP 采集站的 H_x、H_y、H_z 输入端，模拟野外 H_x、H_y、H_z 磁传感器平行放置，E_x 与 E_y 电极相距很近的平行测试情况，如图 9.5 所示。SEP 采集站按 MT 方法的采集模式记录数据 2h，通过处理数据，检验仪器前端放大器的噪声水平以及不同电通道或磁通道的一致性。

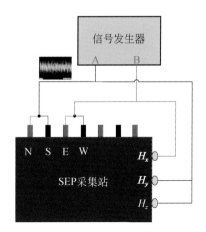
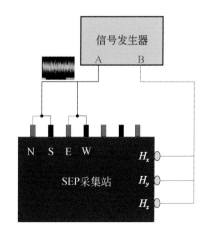

图 9.4　白噪声测试装置　　　　　　图 9.5　平行白噪声测试装置图

2. CSAMT 发射机和采集站功能测试

由于 CSAMT 方法实际工作时需要发射机和接收机相隔数千米，进行大范围大尺度测量，在实验室空间有限的环境下，难以实现发射机和接收机同时工作下的模拟测试，为此针对 CSAMT 方法功能测试，采取对发射机和采集站分别进行测试的方法。

1）发射机功能测试

发射机功能测试示意图如图 9.6 所示，采用负载电阻箱产生 100Ω 的电阻模拟供电导线和野外大地的电阻，$5mH$ 功率电感与负载电阻箱串联，模拟 $2km$ 供电导线的自感。发射机根据约定的 GPS 同步协议依次向负载电阻箱和电感循环发送 $0.0625Hz$（$16s$）到 $10000Hz$ 范围的多个频点信号，检测并记录发射机输出的电流和电压，分析高频发射情况以及输出波形与 GPS 的同步情况。

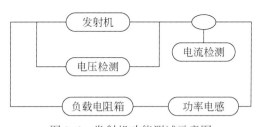

图 9.6　发射机功能测试示意图

2）采集站功能测试

采集站进行 CSAMT 功能测量时，根据读取 GPS 模块输出的 UTC 时间确定当前发射机发送的频率，从而设置相应的采集参数对当前发射频率信号进行采集记录。由于实验室购置的信号发生器难以产生频率随 UTC 时间不断改变的发射信号，为此，自行研制了用于模拟 CSAMT 发射信号的专用信号发生器，原理框图如图 9.7 所示。

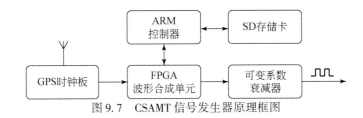

图 9.7　CSAMT 信号发生器原理框图

CSAMT 信号发生器由 GPS 时钟板、ARM 控制器、FPGA 波形合成单元、SD 存储卡、可变系数衰减器组成，信号发生器读取存入 SD 卡内的发射频率表后，根据 GPS 实时提供的 UTC 时间，按顺序依次循环合成不同的频率的发射信号，经过可变系数的衰减器，产生不同幅值的 CSAMT 模拟信号。

测试时，通过改变衰减系数获得低于 $1\mu V$ 的测试信号，将其接入采集站的不同测量通道，验证采集站的弱信号检测能力和通道的一致性。

9.3　SEP 系统野外探测试验

9.3.1　概况

课题组在综合研究已有地质资料的基础上，选择和建立了五个具有代表性的野外试验区，开展 SEP 系统集成的野外实际探测试验以及和国外先进仪器系统的类比试验。

野外试验按中华人民共和国地质矿产行业标准 DZ/T 0173—1997《大地电磁测深法技术规程》和中华人民共和国石油天然气行业标准 SY/T 5772—2002《可控源声频大地电磁法勘探技术规程》要求进行。

SEP 系统方法试验分为①SEP 仪器性能测试以及和国外仪器性能比对测试；②SEP 系统和国外仪器系统的生产性比对试验。试验工作量见表 9.1。测试地点涵盖河北、东北、内蒙古、西北地区，目的是考核仪器对山地、平地和天然、人文电磁干扰等环境的适应能力。

表 9.1　SEP 系统方法试验测区及工作量统计表

试验测区	试验方法	测线长度/m				测深点数/个			
		SEP	V8	GDP–32Ⅱ	EH4	SEP	V8	GDP–32Ⅱ	EH4
河北固安	CSAMT	120	120			6	6		
	MT	300	300			6	6		
	小计	420	420			12	12		
河北张北	CSAMT	120	120			6	6		
	MT	400	350			8	7		
	小计	520	470			14	13		
辽宁兴城	CSAMT	15240	15240			744	744		
	MT	800	125			20	5		
	小计	16040	15365			764	749		

续表

试验测区	试验方法	测线长度/m				测深点数/个			
		SEP	V8	GDP-32 Ⅱ	EH4	SEP	V8	GDP-32 Ⅱ	EH4
甘肃金川	二矿初次 CSAMT	4950	1800			198	72		
	东湾 CSAMT	19200	5400			768	216		
	二矿后续 CSAMT	2250	2250			90	90		
	小计	26400	9450			1056	378		
内蒙古 曹四夭	CSAMT	34000	17000	17000		1360	680	680	
	MT	5500	5500			44	11		
	AMT				16000				640
	小计	39500	22500	17000	16000	1404	691	680	640
总计	CSAMT	75880	41930	17000		3172	1814	680	
	MT	7000	6275			78	29		
	AMT				16000				640
	小计	82880	48205	17000	16000	3250	1843	680	640
	合计	164085				6413			

　　我们在野外测区同时标定磁传感器和采集站，确保和国外仪器可以在相同的噪声背景下来比对。图 9.8 和图 9.9 是 SEP 磁传感器和 Phoenix 磁传感器标定结果对比图，比对结果说明 SEP 系统磁传感器性能与国外系统磁传感器性能相当。

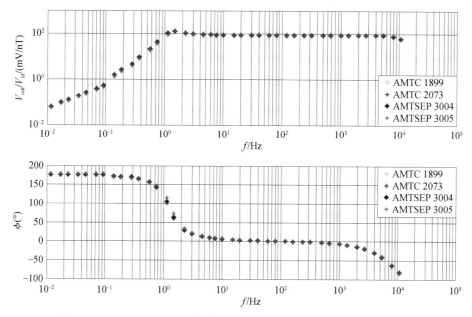

图 9.8　SEP 和 Phoenix 磁传感器标定结果对比图（CSAMT 磁传感器）

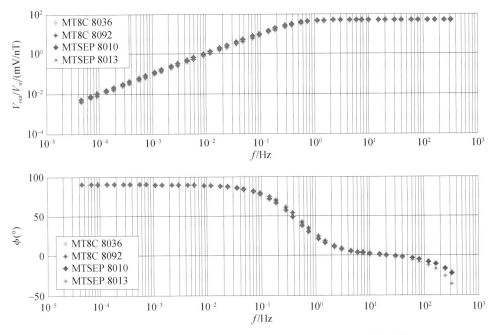

图 9.9　SEP 和 Phoenix 磁传感器标定结果对比图（MT 磁传感器）

　　下面，我们在五个野外试验区中选择兴城、甘肃金川和内蒙古曹四夭三个试验区来说明野外测试的结果。兴城是专项设定的试验基地；金川和曹四夭都有较大的人文干扰；金川相对曹四夭有更多的地形干扰，这些地方有较多的地质资料可供参考，可为比对的可靠性、有效性提供更多的依据。

　　另外两个野外测试点河北固安和张北，主要是在野外条件下测试发射机、采集站等参数是否已达到设计要求，并和国外同类先进仪器在相同条件下的测试结果进行了对比，表明各个分部件已经达到了国外同类仪器的水平。另外，为了避免一家测试的局限性，我们专门邀请了和 SEP 系统研制无关的单位进行了独立的测试，测试的结论如下：

　　（1）通过点位选择、MTU5A 主机及磁传感器标定、平行试验、一致性比对试验，表明 SEP 感应式磁传感器工作正常，达到其设计技术指标；

　　（2）SEP 感应式磁传感器与加拿大 Phoenix 公司生产的 MTC-80、MTC-50H、AMTC-30 以及美国 EMI 公司生产的 BF4 感应式磁传感器整体性能相当，测试精度达到地矿和石油系统生产规范的要求；

　　（3）所测点位视电阻率介于 1～1000Ω·m，数据表明 SEP 感应式磁传感器能适应不同的野外地质条件；

　　（4）野外环境温度介于 -19～35℃，测试结果表明 SEP 感应式磁传感器在上述温度条件下工作正常。

　　（5）在试验过程中，对各个仪器系统的技术参数做了对比，对比结果显示 SEP 感应式磁传感器达到国际同行先进水平。

9.3.2　系统野外比对试验

1. 辽宁兴城杨家杖子 SEP 系统野外生产性比对试验

为了检验地面电磁探测（SEP）系统各模块在实际勘查中的性能与可靠性，以及集成系统的野外实际工作能力，在辽宁兴城开展了 SEP 系统与商业高端仪器的全面对比试验。在兴城首先比对了 SEP 系统大功率发射机与商用发射机的性能，之后进行了 SEP 系统和加拿大 phoenix 公司生产的 V8 系统、美国 Zonge 公司生产的 GDP-32 Ⅱ 系统的 4 条 CSAMT 测线比对试验。从典型测点的频率–电场曲线、频率–磁场曲线、频率–视电阻率曲线、频率–阻抗相位曲线、测线拟断面原始数据和反演结果可以看出，SEP 系统采集的原始数据和商用仪器的数据吻合率达 85%，反演剖面揭示的电性结构和钻孔岩芯岩性对应较好。认为 SEP 系统已经达到商用同类产品的性能，能够很好地用于野外实际勘查工作。由于具有轻便、节能、易操作等优点，相信其市场前景广阔。

1）试验区及测线布置

试验区位于深部探测专项（SinoProbe）中第九项目组选定的辽宁兴城试验基地，如图 9.10 所示，其中红方框为 SEP 杨家杖子试验区。

辽宁省葫芦岛市杨家杖子经济技术开发区坐落于葫芦岛市西北 35km 处，东邻世界天然良港——葫芦岛港，西接历史名城朝阳市，南眺旅游古城兴城市。测区位于杨家杖子经济技术开发区吉林大学试验基地内，吉林大学以及其他一些单位已经在此进行了许多地质与地球物理工作，包括地震勘探、地球物理电磁法的 CSAMT 以及 MT 工作，已知地质地球物理资料比较齐全，本次试验收集了测区内相关的地质资料与地球物理资料，为此次试验效果的评估与地质解释提供了依据。测区内有三口钻井，其中 JK–1 号钻井已经完成钻探，钻探深度达到 1700m，JK–2 号井正在钻探中，预计深度也可到达 1500m 左右，JK–3 号测井位置基本确定，还未开始钻探工作。

SEP 系统和商用仪器系统在辽宁兴城完成了四个剖面的 CSAMT 法比对探测。如图 9.11所示，图中四条红色测线（L1、L2、L3 和 L4）是本次比对的测线位置，其中 L2 线穿过 JK–1 号和 JK–2 号钻井。CSAMT 方法工作参数为：发射偶极距 $AB = 1.5km$，发射位置在西南方向测线的中垂线上，收发距约 13.5km，工作频率范围为 0.25 ~ 7680Hz，测点距离 $MN = 20m$，线距 50m。四条测线各长约 3.75km，长度共 15.24km，物理测深点数 744 个，测线方向 N–W302°。

2）SEP 与 V8 系统 CSAMT 法比对试验

（1）CSAMT 法试验和资料采集方式

CSAMT 方法采用追赶式测量，即每个测站在完成商用仪器的数据采集之后，再用 SEP 系统接收机进行观测，同时商用仪器移动到下一测站继续采集数据，两套仪器同时前进，同时观测相邻两个测站的数据。按照这种工作方式，在每个测点都会得到商用仪器与 SEP 仪器两套系统的 CSAMT 数据。

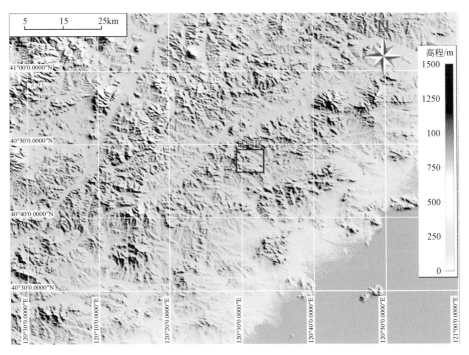

图 9.10　杨家杖子试验区位置

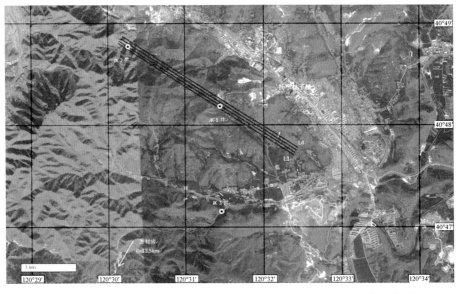

图 9.11　辽宁兴城 SEP 系统与 V8 系统比对探测测线位置图（四条红色线）

　　野外试验分为两个阶段，第一阶段采用商用发射机进行发射，商用接收系统和 SEP 接收系统用追赶式方法完成 L1 线和 L2 线的数据采集，且两条测线同时进行。第二阶段采用 SEP 系统发射机进行发射，商用接收系统和 SEP 系统用追赶式方法完成 L3 线和 L4 线数据采集，且两条测线同时进行。具体施工方法如图 9.12 所示。

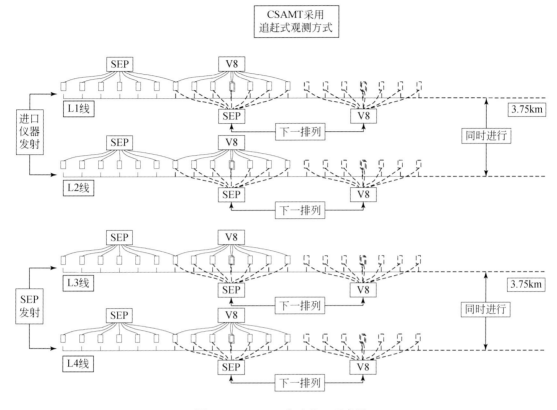

图 9.12　CSAMT 方法施工示意图

（2）CSAMT 试验结果

A. 发射机性能独立比对

为了专门比对分析 SEP 发射机与 V8 发射机的发射性能，在 L1 线的 3180～3300m 位置和 L2 线的 3420～3660m 位置进行了 SEP 发射和 V8 发射的比对试验。接收端条件完全相同，发射端条件也完全相同，只是更换不同的发射机，比对发射端 SEP 和 V8 的发射波形及接收端接收的两种发射机激发的电、磁场信号。SEP 发射机与 V8 发射机的发射波形见图 9.13 所示，其中蓝色为电压波形，绿色为电流波形。从示波器图像左下角测得的参数可以看到，频率为 512Hz 时，电压波形与电流波形的峰–峰电压和峰–峰电流的平均值、最大值与最小值及标准差几乎是完全一致的。

B. 电场与磁场强度比对分析

本次试验区内大部分地区干扰较小，所得到的数据质量较好，由于测点数量较多，在此仅就每条测线上有代表性的电场与磁场幅度曲线进行分析说明（图 9.14 和图 9.15，标注中"T"代表"发射"，"R"代表"接收"）。

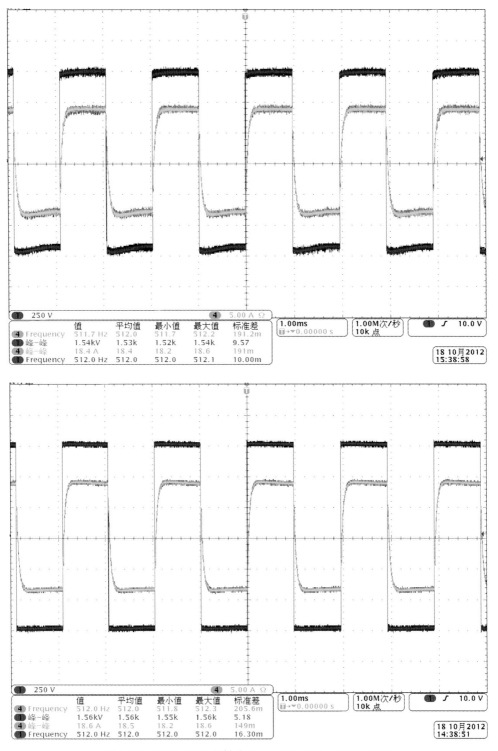

图 9.13　512Hz 时的发射波形（上图：SEP；下图：V8）

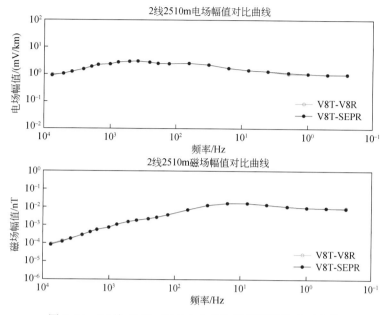

图 9.14　L2 线 2510m 测点上电场和磁场强度的比对曲线

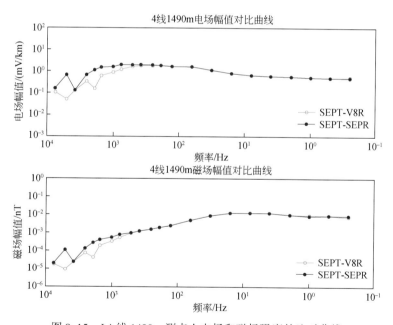

图 9.15　L4 线 1490m 测点上电场和磁场强度的比对曲线

　　图 9.14 为利用 V8 发射机发射，SEP 接收机和 V8 接收机在 L2 线 2510m 测点上得到的频率–电场和频率–磁场响应曲线，可以看出，L2 线电场和磁场强度数据除了个别频点由于不同时间受到不同干扰造成的差别之外，整体数据曲线已经达到了非常好的吻合程度。图 9.15 为 SEP 发射机发射时，分别用 SEP 接收机和 V8 接收机在 L4 线 1490m 测点上的频率–电场和频率–磁场响应曲线，分析 L4 线的电场与磁场强度曲线可以看出，在用 SEP 发射机的情况下，两套仪器所接收的数据中低频吻合较好，高频的数据则存在较大的差异，

经过分析，认为此测点附近存在高频噪声干扰等因素，造成了两套数据在高频处的电磁场均出现了蹦跳的现象。

C. 原始视电阻率和阻抗相位比对分析

在图9.14和图9.15中所示的测点上，我们比对分析了其原始视电阻率和阻抗相位特征，分别见图9.16和图9.17。

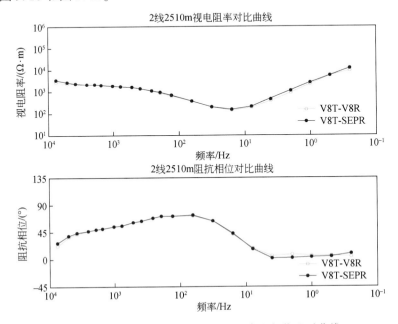

图 9.16　L2 线 2510m 测点上视电阻率和相位比对曲线

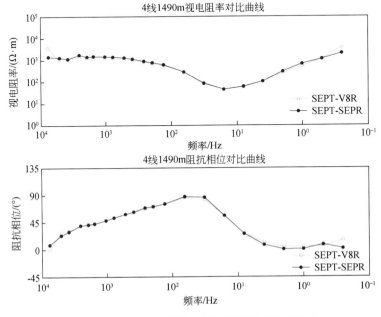

图 9.17　L4 线 1490m 测点上视电阻率和相位比对曲线

从上述比对曲线可以看出，SEP 接收机和 V8 接收机的原始视电阻率和相位曲线总体吻合较好，即使对于高频端电磁场值吻合不佳的 L4 线，其视电阻率和相位曲线也较好吻合。

D. 反演剖面比对

分别将 SEP 接收机和 V8 接收机采集的各测线数据进行一维反演计算，得到 4 条测线的一维反演剖面图，如图 9.18～图 9.21 所示。

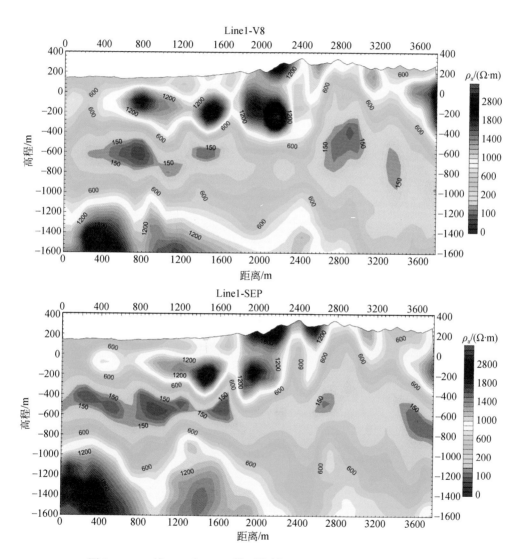

图 9.18　L1 线 SEP 和 V8 一维反演剖面（上图：SEP；下图：V8）

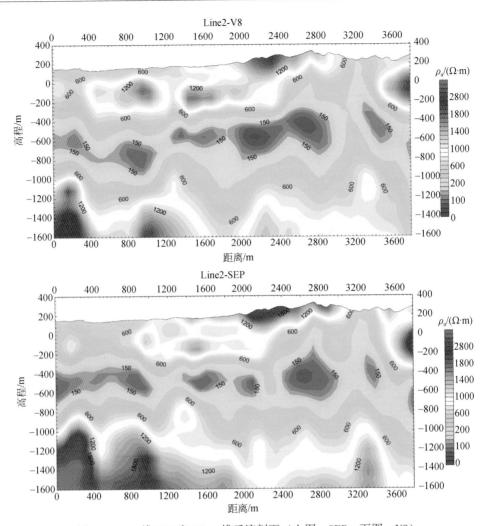

图 9.19　L2 线 SEP 和 V8 一维反演剖面（上图：SEP；下图：V8）

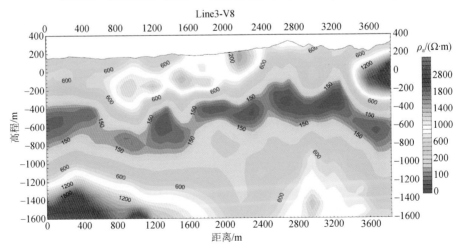

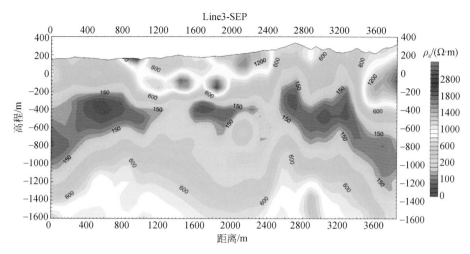

图 9.20　L3 线 SEP 和 V8 一维反演剖面（上图：SEP；下图：V8）

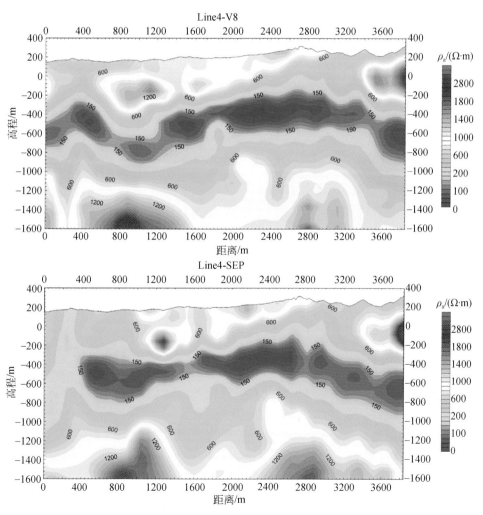

图 9.21　L4 线 SEP 和 V8 一维反演剖面（上图：SEP；下图：V8）

通过一维反演结果比对可以看出，由于观测时的不同干扰因素，造成某些测点上 SEP 系统与 V8 系统数据的差异，反演结果在局部上出现了一些差别。不考虑这些细节上的区别，SEP 系统数据与 V8 系统数据整体一致，各测线反演结果吻合良好。

L2 线 SEP 的反演结果与 JK-1 号井的岩性柱状图比对结果见图 9.22。该图揭示了 5 个电性层，厚度 390m 左右为砂岩、粉砂岩和含砾砂岩层；其下为厚度 237m 左右的砾岩并含铝土矿层；第三层为电阻率极低的泥岩夹含煤层，岩芯揭示煤为质量较好的无烟煤，电阻率低至几 $\Omega \cdot m$；第四层为中高阻的灰岩、结晶灰岩、矽卡岩；终孔深度 1700 多米，基底为高电阻率的花岗岩。从图中可以看出，数据反演结果能很好地反映地下的岩性差异，且与钻井的岩性吻合，特别是对于 -600m 深度附近的低阻煤层，反演结果给出了很好的揭示。

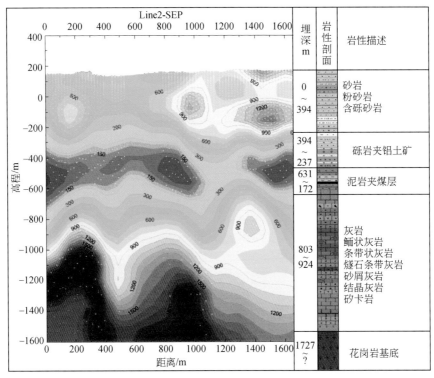

图 9.22　L2 线 SEP 反演剖面与 JK-1 号井岩性柱状图比对

3）SEP 与 GDP-32 Ⅱ 系统 CSAMT 比对试验

在 SEP 和 V8 系统交叉比对试验后，利用 GDP-32 Ⅱ 系统在同剖面同测点上做了探测，这里给出三种仪器系统在四条测线上的比对试验结果。

首先比对原始资料。分别在 L2 线和 L4 线上各选了一个测点展示 SEP、V8 和 GDP-32 Ⅱ 三种仪器系统的原始数据视电阻率和视相位曲线，分别如图 9.23 和图 9.24 所示。在 L2 线上选择了 $x=1560m$ 点，在 L4 线上选择了 $x=1460m$ 点，在每个点上都绘出了 SEP、V8 和 GDP-32 Ⅱ 三套仪器系统的原始数据视电阻率和视相位曲线，可以看到三种仪器的视电阻率和视相位从高频到低频都基本重合，吻合度很高，这说明 SEP 与国外高端同类仪器的原始数据具有很好的一致性。

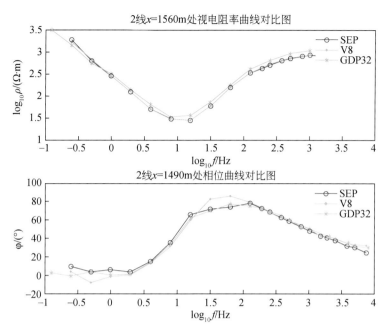

图 9.23　L2 线典型测点三种系统测深曲线对比

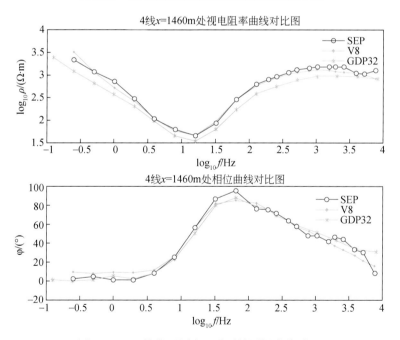

图 9.24　L4 线典型测点三种系统测深曲线对比

　　图 9.25 和图 9.26 给出了 SEP、V8 和 GDP-32 Ⅱ三种仪器系统在 L2 线和 L4 线上比对测试的原始数据视电阻率和相位拟断面图。图中上面三个图分别为 SEP 系统、V8 系统和 GDP-32 Ⅱ系统的视电阻率拟断面图；下面三个图分别为 SEP 系统、V8 系统和 GDP-32 Ⅱ系统的阻抗相位拟断面图。

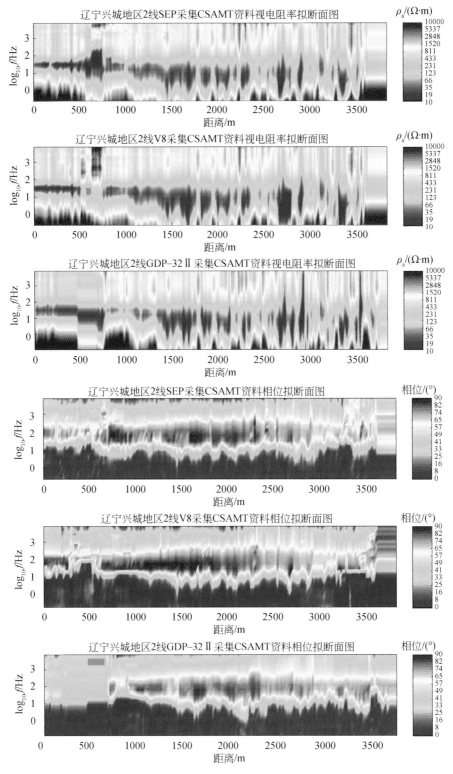

图 9.25　L2 线 SEP、V8、GDP-32 Ⅱ 三种系统视电阻率和阻抗相位拟断面图

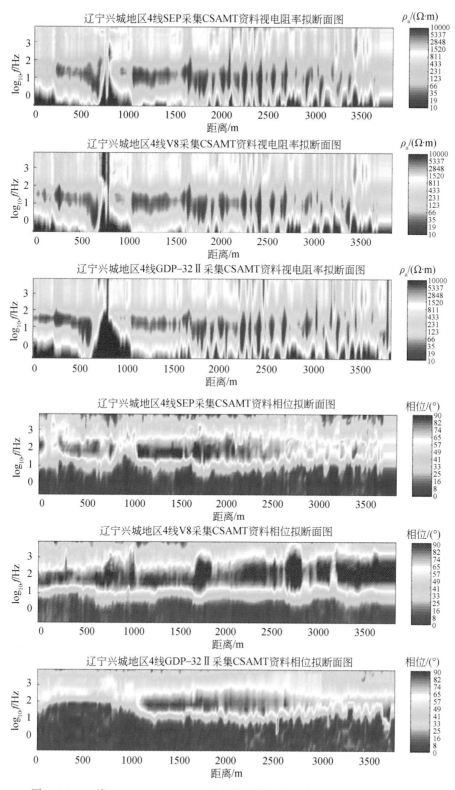

图 9.26 L4 线 SEP、V8、GDP-32 Ⅱ 三种系统视电阻率和阻抗相位拟断面图

从这些代表性曲线和测深拟断面图对比可见，三种仪器系统获得的资料宏观特征基本一致。SEP、V8 和 GDP-32 Ⅱ 系统采集的原始测深曲线一致性较好，表明 SEP 系统采集的数据资料质量已达到了国际先进仪器系统的水平。

由于 GDP-32 Ⅱ 反演电阻率剖面特征和 V8 及 SEP 类似，这里不再赘述。三种仪器采集资料的剖面资料反演结果对比的类似性进一步表明，SEP 系统达到了国际同类先进仪器系统的性能水平。

4）讨论及结论

辽宁兴城 CSAMT 方法比对试验从四个角度全方位比对并分析了 SEP 系统与 V8、GDP-32 Ⅱ 系统的 CSAMT 法探测性能：①SEP 发射机与商用高端发射机发射性能的比对；②在分别使用 SEP 发射机和商用高端发射机的情况下，SEP 接收系统和商用接收系统电场强度和磁场强度的数据比对；③在分别使用 SEP 发射机和商用高端发射机的情况下，SEP 接收机和商用接收机视电阻率和阻抗相位数据比对；④SEP 系统和商用仪器系统一维反演剖面结果比对。

为了定量统计 SEP 接收机和 V8 接收机的数据吻合情况，计算了单测深点上 SEP 视电阻率与 V8 视电阻率的误差 R_RMS。计算公式为

$$R\_SEP = \sqrt{\frac{\sum_{i=1}^{N}\left[\frac{(R\_SEP - R\_V8}{R\_SEP + R\_V8)/2}\right]^2}{N}}$$

其中，R_SEP 表示 SEP 接收机测量的视电阻率误差，R_V8 表示 V8 接收机测量的视电阻率误差，N 表示频率个数。如果某测深点的 $R\_RMS<0.7$，则认为这个测深点上 SEP 视电阻率和 V8 视电阻率吻合较好。根据这样的统计参数，L1 线 180 个测深点中有 145 个吻合较好，L2 线 189 个测深点中有 150 个吻合较好，L3 线 183 个测深点中有 166 个吻合较好，L4 线 192 个测深点中有 170 个吻合较好。实际的 744 个 CSAMT 测深点中，共计有 631 个测深点 SEP 视电阻率曲线与 V8 视电阻率曲线吻合很好。

SEP 系统和国外两套系统比对试验结果表明，对于 CSAMT 方法，SEP 系统采集到的数据与国外系统数据总体一致，原始数据吻合率达85%；所反演剖面和 JK-1 号井岩性剖面吻合较好，说明 SEP 系统采集的数据稳定可靠，尤其通过和 V8 系统的发射机、接收机和分系统的交叉测试，认为 SEP 系统与 V8 系统产品性能相当，已经能够正常地进行野外实际 CSAMT 勘探。

2. 甘肃金昌金川镍矿 SEP 系统野外生产性比对试验

SEP 课题组于 2013 年 4 月初开始在甘肃省金川地区开展 SEP 系统与 V8 系统的 CSAMT 方法的比对试验。金川镍矿是一个已知的正在开采中的矿，人文电磁干扰特别强，在这样的地方开展 V8 系统与 SEP 系统的对比研究，对 SEP 系统的抗干扰能力的评价将具有较好的说服力。对比试验选择在金川公司第二矿区进行，测区内地下正在采矿，地面有风井、工作中的粉碎矿石的机械、高压线、公路等，属于噪声干扰比较大的区域。另一方面，第二矿区已经开采多年，地下矿体分布情况是已知的，这为评价对比试验结果提供了有利条件。

1) 试验区概况、测线布置及对比工作方式

金昌市是我国最大的镍钴生产基地和铂族金属提炼中心，全国三大资源综合利用基地之一。金川镍矿已探明的镍储量在世界居第二位，仅次于加拿大萨德伯里镍矿。二矿测区位于金昌市金川区西南的金川公司第二矿区内。测区地势崎岖，没有植被覆盖，地表多为砂砾和碎石覆盖，接地条件较差。二矿测区是金川地区最主要的镍矿分布区，地下采矿巷道分布，并且采矿工程仍在进行中，另外测区中北部为 14# 通风井且高压线通过测区的东北端，因此人文噪声干扰非常严重。

SEP 系统在二矿测区完成了 9 条剖面的探测试验（L6 ~ L22 线），测线位置如图 9.27 所示，并选择在其中的 L8 线、L12 线及 L14 线与 V8 系统进行了比对探测试验。CSAMT 方法工作参数为：发射偶极距 $AB = 1.42$km，发射位置在东南方向的金昌市东湾村，收发距离约为 $R = 10$km，测点距离 $MN = 25$m，线距 100m，测线长度均为 600m，测线方位角为 36°，采用多台仪器阵列式的观测方式进行数据采集。SEP 系统和 V8 系统均采用相同的发射频率，频率范围 0.25 ~ 7680Hz，共 22 个频点。

图 9.27　二矿测区测线布置图（黄色为测线）

2) 试验安排

为了保证数据质量，采用追赶式的观测方式。SEP 系统和 V8 系统在同一条测线上观测，在 V8 系统完成数据采集后，SEP 系统在当前排列进行数据采集，V8 系统移动到下一排列进行数据采集。每个测点站的仪器在布置好后，由 SEP 系统发射机和 phoenix TXU-30 发射机分别发射，进行两次数据采集，完成比对观测。具体施工方法如图 9.28 所示。

3) 试验曲线结果

在试验过程中，地下采矿、地面风井、高压线及交通等外界噪声干扰对采集的数据造成了很大的影响，数据曲线形态比较乱，SEP 和 V8 系统的干扰都比较大。

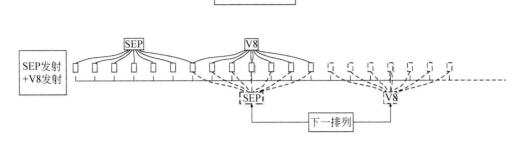

图 9.28　CSAMT 方法施工示意图

（1）不同发射机原始数据曲线比对分析

由于数据较多，现在仅就代表性曲线加以说明，见图 9.29 和图 9.30。从结果可以看出，对于相同接收机接收，不同发射机发射的结果，由于测区噪声干扰的影响，低频数据出现了跳动，曲线一致性较差，但是数据总体吻合还是较好的。

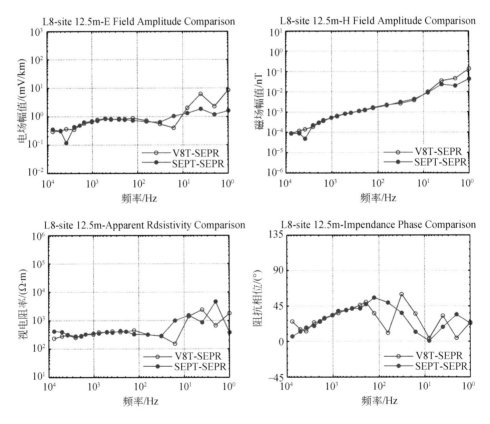

图 9.29　L8 线 12.5m 测点上不同发射机 SEP 接收原始曲线对比

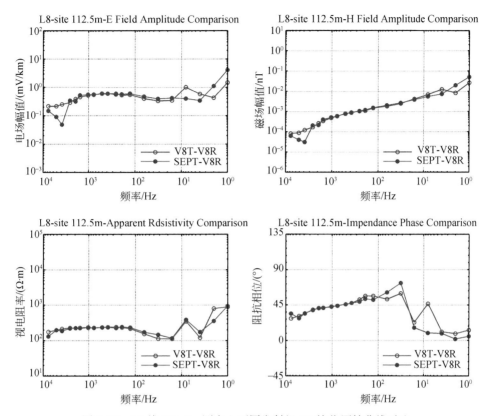

图 9.30　L8 线 112.5m 测点上不同发射机 V8 接收原始曲线对比

（2）不同接收机原始数据曲线对比分析

图 9.31 和图 9.32 是相同发射机发射不同接收机接收的原始曲线对比结果。从图中可以看出，对于采用 SEP 接收和 V8 接收的结果，电场、磁场、视电阻率以及阻抗相位的数据总体吻合均较好，仅低频数据的一致性较差。同时 SEP 和 V8 接收机的数据都有些跳动，这是由于受到测区强烈电磁干扰的结果。

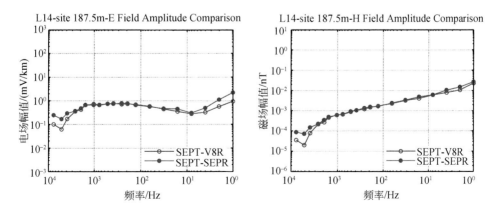

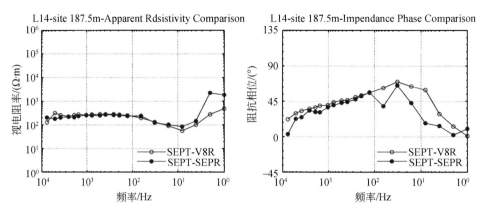

图 9.31 L14 线 187.5m 测点上不同接收机 SEP 发射原始曲线对比

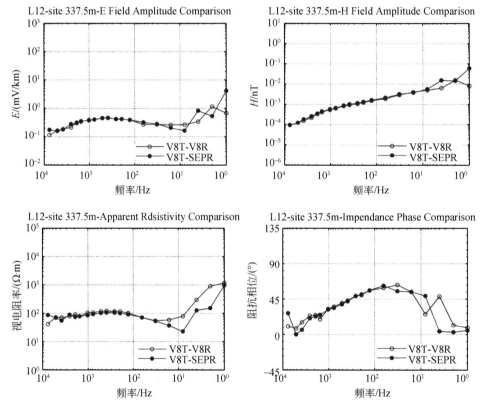

图 9.32 L12 线 337.5m 测点上不同接收机 V8 发射原始曲线对比

4）反演剖面结果

分别对去噪后的数据进行一维反演计算。图 9.33 和图 9.34 分别是 L8 线和 L12 线的一维反演剖面对比结果。通过一维反演结果比对可以看出，两种仪器得到的反演结果反映的基本构造是一致的，只是在细节部分存在差异，这是由于部分测点受到干扰，数据的不一致性造成的。

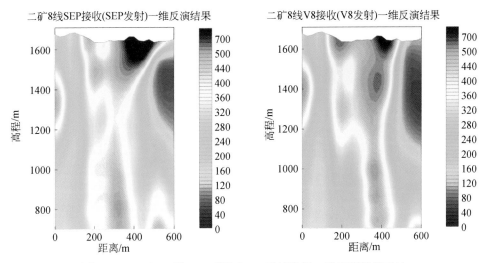

图 9.33　二矿 L8 线 SEP 系统和 V8 系统数据一维反演结果对比

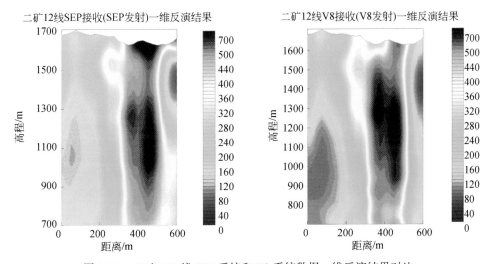

图 9.34　二矿 L12 线 SEP 系统和 V8 系统数据一维反演结果对比

图 9.35 和图 9.36 分别是 L8 线 SEP 系统和 V8 系统数据反演结果与 8 行实际地质剖面的对比图。从图上可以看出，SEP 系统和 V8 系统数据的反演结果都能够很好地反映出地表中心点在 400m 附近存在的高阻超基性岩体。图中很好地揭示了 3 个电性层，产状近直立状。左侧电阻率较低，其表层电阻率为 250Ω·m 左右；中间为相对高阻层，电阻率一般在 400Ω·m 以上，表层宽 250m 左右，深部变窄；右侧为低阻层，电阻率为几十 Ω·m。矿体赋存在中间高阻层和底部次低阻层的接触带，属接触交代型矿。

5）讨论及结论

本次比对试验是在此前几次系统性能试验和野外勘探综合试验的基础上，针对 SEP 系统是否有足够高的抗电磁干扰的能力，进行的又一次比较完整的 CSAMT 野外实例勘探比

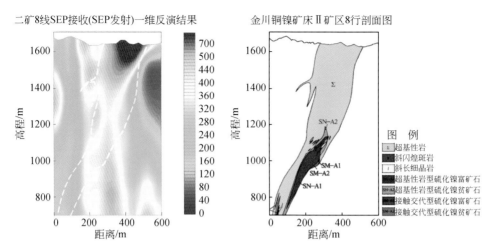

图 9.35　二矿 L8 线 SEP 接收数据反演剖面与 8 行地质剖面对比图

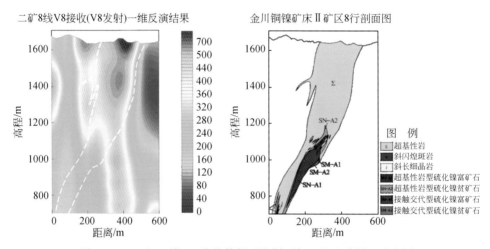

图 9.36　二矿 L8 线 V8 接收数据反演剖面与 8 行地质剖面对比图

对试验。本次试验的目的是检验仪器的稳定性和抗干扰能力，和国际先进电磁法仪器进行了比对，在电磁干扰比较强的采矿区，现场采集到了完整的 CSAMT 数据。在试验中，SEP系统发射机能够长时间连续发射信号，信号连续稳定，能够很好地完成野外发射任务；接收机轻便耐用，操作简单，能够很好地适应野外实际勘探工作，特别是能够很好地胜任阵列式观测。SEP 系统的这些优点在此次野外试验中得到了进一步的印证。

　　虽然测区内的噪声干扰较强，对数据质量造成了很大的影响，但从原始数据和处理结果来看，SEP 系统在稳定性和抗干扰能力上和 V8 系统可以类比，无论是原始数据，还是处理后得到的反演结果，SEP 和 V8 系统的结果大致相同，基本能够反映真实的地质结构，说明 SEP 系统的抗干扰能力已经和国际先进仪器相当，能够胜任各种复杂地形下的勘探任务。

　　然而原始记录表明，在低频段 SEP 和 V8 系统尚存在一些差异。两者之间的差异可能来自于电接收设备的仪器响应，尚不能精确确定。对于磁接收器仪器响应能精确标定，从而仪器响应的差异可以校正掉。对于电接收器的响应，提高各电接收设备响应的一致性，需要做专门的研究，这已超出了本书的范围。

3. 内蒙古兴和曹四夭钼矿 SEP 系统野外生产性比对试验

为了进一步检验 SEP 系统各部件在实际勘查中的性能和可靠性，以及 SEP 系统的野外实际工作能力，在内蒙古乌兰察布市兴和县的曹四夭钼矿开展了 SEP 系统各组部件都参与的综合试验。曹四夭是新探明的超大型钼矿，经过初勘、详勘，已基本掌握了储量，目前正全面进行打钻掌握精确储量。选择此地做试验出于以下三方面的考虑：①该矿地质结构已清楚，对验证 SEP 系统性能非常有利；②矿详勘完毕尚未开采，将来做出的矿体异常完整，没有施工机械等，干扰小；③气候、地形、交通、食宿都很便利。试验采用多种方案，分别进行了 SEP 高温超导磁传感器与感应式磁传感器的性能对比试验；SEP 磁通门磁传感器与感应式磁传感器的性能对比试验；SEP 发射机与 GDP-32Ⅱ发射机、TXU-30 发射机 3 种发射机的发射性能对比试验；SEP 系统与 V8、GDP-32Ⅱ等国际先进仪器的CSAMT 法综合对比试验；以及 SEP 系统和 V8 系统的 MT 法对比试验，均取得了很好的效果。

1）试验区地质与地球物理特征

（1）地质特征

试验区位于华北地台北缘桑干地体与集宁地体的拼贴带——大同–尚义构造岩浆岩带，该断裂为地壳断裂，且有多次开合，伴随有多期次岩浆活动的构造演化历史。构造运动的叠加不仅产生复杂的构造裂隙系统给矿液运移提供了通道，给矿质沉淀存储提供了场所，且多期次的岩浆侵入也为成矿热液提供了矿源质及热动力。区内新生界覆盖较厚，在黄土窑岩组（Ar_2h）及花岗斑岩出露区断裂较发育，主要为北东向、北西向，其次为近南北向。北东向断裂为区内的主要断裂，主要分布于曹四夭和小红土窑一带，其中对钼矿体产生影响的主要为曹四夭断裂（大同–尚义构造岩浆岩带）。

试验区出露地层主要为中太古界集宁岩群黄土窑岩组（Ar_2h）、新生界古近系渐新统呼尔井组和乌兰戈楚组（E_3wl+h）、新近系中新统老梁底组（N_1l）、汉诺坝组（N_1h）及上新统宝格达乌拉组（N_2b），沿河谷低地发育第四系全新统冲积物（Qh^{al}）。矿体主要赋存于中太古界黄土窑岩组，新生界地层对矿体具覆盖作用（图 9.37）。

试验区岩浆岩在地表主要出露中生代早白垩世多斑花岗斑岩（$K_1^1\gamma\pi$）、少斑花岗斑岩（$K_1^2\gamma\pi$）；在钻孔深部可见隐伏晚侏罗世黑云母二长花岗岩（$J_3\eta\gamma$）、隐伏少斑花岗斑岩，以及角砾状流纹斑岩（$K_1\lambda\pi$）；区内中生代辉绿岩脉（$\beta\mu$）、花岗斑岩脉发育。

（2）地球物理特征

A. 区域重力异常

根据 1∶20 万区域重力成果，试验区位于北东向重力梯级带上，北部为小大青山重力低异常，该梯级带所处位置与大同–尚义北东向断裂带吻合，根据小大青山重力低异常特征综合推断小大青山至曹四夭一带存在隐伏中酸性岩体，通过前期工作，现已在曹四夭村南发现有早白垩世花岗斑岩出露。

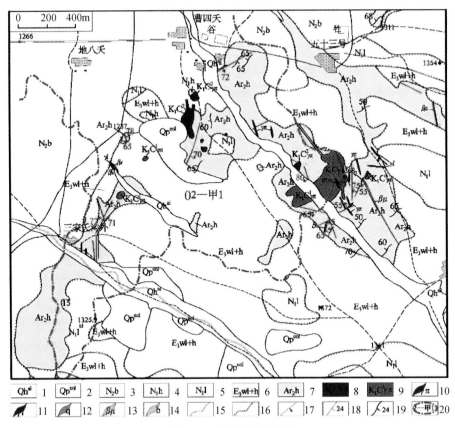

图 9.37　试验区地质图

1. 冲洪积砂、砾石松散堆积；2. 风积黄土状亚黏土、亚砂土；3. 宝格达乌拉组砂质黏土砂砾石夹泥灰岩；4. 汉诺坝组橄榄玄武岩夹砂砾石、黏土薄层；5. 老梁底组：砂砾岩、粉砂岩；6. 呼尔井组乌兰戈楚组；7. 中太古界黄土窑组石榴石浅粒岩夹石榴斜长石英岩、矽线石榴正常片麻岩；8. 浅肉红色少斑花岗斑岩；9. 灰白色多斑花岗斑岩；10. 少斑花岗斑岩脉；11. 花岗细晶岩脉；12. 石英脉；13. 辉绿岩脉；14. 中色二辉斜长麻粒岩；15. 实测地质界线；16. 不整合接触线；17. 断裂破碎带；18. 地层产状及倾角；19. 片麻理产状及倾角；20. 化探综合异常

B. 区域磁异常

根据 1∶5 万地面高精度磁测成果，区域磁场主要由大面积分布的北东向平稳场、北东向负磁异常带、北东向高值磁异常带和北西向低正值异常条带组成。正、负磁异常绝大多数呈北东向，与区内主要构造线方向一致。北东向正、负磁异常多被北西向低正磁异常带切断，但沿大同–尚义北东向断裂带，北西向低正值异常又被北东向负磁异常带截切，反映该断裂带具有长期、多期活动特征。在曹四夭村南，北东向与北西向磁异常条带交汇部位为一明显的扇叶状似环状正负磁异常组合，高正值异常位于多斑花岗斑岩与黄土窑岩组接触带，低值负异常位于少斑花岗斑岩出露区。该环形磁异常推断与斑岩体及其内外接触带热液蚀变有关。

2）试验安排

本次试验共布设测线 12 条，其中东西向 4 条、南北向 4 条、北西向 4 条。采集任务安排如下：

（1）GDP-32Ⅱ全套系统的 CSAMT 测量，6 条线，每个方向上的中心 2 条线。

（2）V8 全套系统的 CSAMT 测量，6 条线，每个方向上的中心 2 条线，即和 GDP-32Ⅱ的测线重合。

（3）SEP 接收系统的 CSAMT 测量，12 条线，发射机 3 套（V8/SEP/GDP-32Ⅱ），其中，V8 和 SEP 发射 12 条线，GDP-32Ⅱ发射东西向的 4 条线。作业时，16 台 SEP 接收机（四条线，每条线上 4 台仪器）全部布设后，V8 发射时 16 台接收机同时同步接收；V8 发射结束后换上 SEP 发射机，16 台接收机同地点同时同步接收；对于东西向的 4 条测线最后换上 GDP-32Ⅱ发射机，16 台接收机同地点同时同步接收。

（4）SEP 接收系统和 V8 接收系统的 MT 测量，在 SEP 接收系统做 CSAMT 工作的每个晚上，进行 MT 方法的测量工作。

（5）EH4 测量，6 条线，每个方向上中心 2 条线，即和 GDP-32Ⅱ和 V8 的测线重合。

测线布置如图 9.38 所示，放射源布置如图 9.39 所示。图中发射源 A_1B_1 为南北向测线的发射源，发射源 A_2B_2 为东西向测线的发射源，发射源 A_3B_3 为北西向测线的发射源。工作布置如图 9.40 和图 9.41 所示。

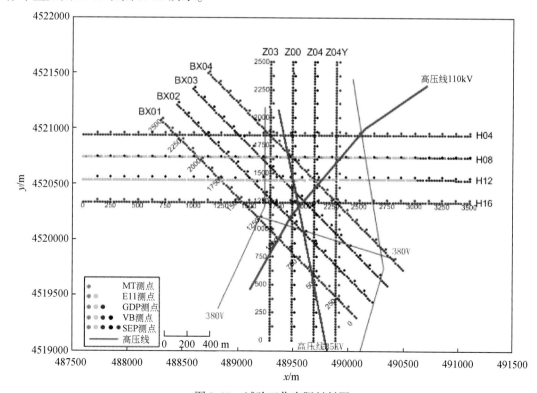

图 9.38　试验工作实际材料图

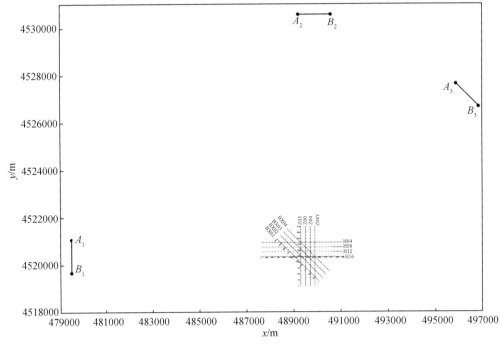

图 9.39　发射位置示意图

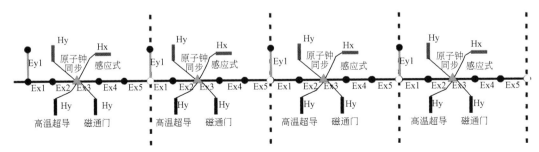

图 9.40　SEP 试验 CSAMT 法施工方式图（4 个磁道所在测线）

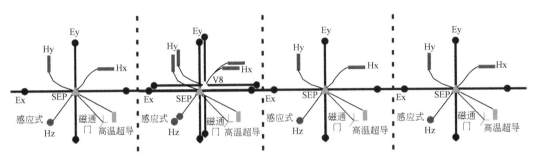

图 9.41　SEP 试验 MT 法施工方式图

仪器设备情况见表 9.2 ~ 表 9.4。

表 9.2　SEP 系统主要设备

发射机部分		接收机部分		传感器部分	
SEP 发射机	2 台	SEP 接收机	16 台	感应式磁传感器	47 根
		原子钟	4 个	磁通门磁传感器	4 个
				高温超导磁传感器	4 个

表 9.3　对比实验主要设备

发射机部分		接收机部分		传感器部分	
Phoenix TXU-30	1 台	Phoenix V8 主机	1 台	Phoenix 磁场传感器	1 根
		Phoenix 3E 从机	2 台		
Zonge GGT-30	1 台	GDP-32 Ⅱ 接收机	1 台	Zonge 磁场传感器	1 根
EH4 发射机	1 台	EH4	1 台	EH4 磁场传感器	1 根

表 9.4　SEP 系统与 GDP-32 Ⅱ 多功能电法仪、V8 网络化多功能电法仪对比表

设备	内容	GDP-32 Ⅱ 系统	V8 系统	SEP 系统
大功率发射机	实际工作频率范围	0.125~8192Hz	0.063~7680Hz	CSAMT：0.063~9600Hz
	最大输出功率	30kW	25 kW	50 kW
	电流范围	0.5~45A	0.5~40A	0.5~50A
	输出最大电压	1000V	1000V	1000V
	发射模式	手动	手动和自动两种	手动和自动两种
接收机	工作频率范围	CSAMT：0.125~8192Hz MT：0.0005~1000Hz	CSAMT：0.35~7680Hz MT：0.0001~1000Hz	CSAMT：0.063~9600Hz MT：0.0001~1000Hz
	数据采集	模拟陷频滤波器，50Hz/150Hz/250Hz/450Hz AMV 滤波器-消除低频大地电流（1/64—1.0Hz）	数字陷频滤波技术，50Hz	数字陷频滤波技术，50Hz
	放大器	自动调节增益（0.25/0.5/1/2/4/8/16/32/64）和自电（SP）补偿	手动调节（0.25/1/4/16）	1/4，1，4，16
	A/D	18 位	24 位	24 位
	同步方式	石英钟±0.864μs	GPS 同步+晶振时钟，GPS 同步精度为：0.1μs	GPS 同步+晶振时钟，GPS 同步精度为：0.1μs

在全部 12 条测线上采用自主研发的 SEP 系统进行了 CSAMT 试验，点距为 25m，采用阵列式观测，16 台 SEP 接收机同时接收（四条测线同时进行，每条线上 4 台仪器）。试验中采用 GGT-30 发射机、TXU-30 发射机轮流发射，进行发射对比试验；并在三个方向的

每个方向上的中心 2 条测线上（H08、H12、Z00、Z04、BX02、BX03 测线），利用 GDP-32Ⅱ系统和 V8 系统进行了 CSAMT 法数据采集，与 SEP 系统进行对比试验。在进行对比观测的 6 条测线上 SEP 系统同时配置磁通门磁传感器，高温超导磁传感器以及磁感应式磁传感器，进行磁传感器的性能对比试验。

选择在干扰源较少的东西向的 H08 线以及南北向的 Z04 线进行了 SEP 系统与 V8 系统的 MT 法对比试验。V8 系统采用 3 磁 2 电的五分量测量，而 SEP 系统在此基础上另外配置了 3 分量的磁通门磁传感器，与感应式磁传感器进行磁传感器的对比试验。MT 法测点点距为 125m，电极距为 50m。

3）磁传感器试验结果分析

（1）磁通门磁传感器试验结果分析

利用磁通门磁传感器完成了 CSAMT 和 MT 法的试验，并与同测点感应式磁传感器进行了对比。图 9.42 为 Z00 线 400m 点的磁通门磁传感器与感应式磁传感器实测数据经处理后的功率谱对比图。从图中可以看出，x 方向当频率低于 0.3Hz 时，磁通门数据优于感应式磁传感器数据，当频率高于 0.3Hz 时感应式磁传感器数据更好；y 方向分界点为 0.2 ~ 0.3Hz；z 方向在 0.2Hz 左右。

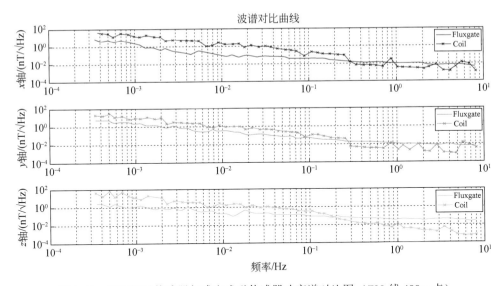

图 9.42　磁通门磁传感器与感应式磁传感器功率谱对比图（Z00 线 400m 点）

磁通门磁传感器频率测量范围为 DC ~ 10Hz，相对于感应式磁传感器，其优势频段在 DC ~ 0.1Hz。在此频率范围内，磁通门磁传感器的噪声明显优于感应式磁传感器，可得到更为可信的低频信号。在干扰较小的情况下，在 0.001Hz 处，磁通门磁传感器噪声在 2 ~ 10nT/$\sqrt{Hz}$，感应式磁传感器噪声在 10 ~ 50nT/$\sqrt{Hz}$，磁通门磁传感器数据结果优于感应式磁传感器 1 ~ 2 个数量级；在 0.01Hz 处，磁通门磁传感器噪声在 0.2nT/$\sqrt{Hz}$ 左右，感应式磁传感器噪声在 1nT/$\sqrt{Hz}$ 左右，磁通门磁传感器数据结果优于感应式磁传感器近 1 个数量级；而在 0.1 ~ 10Hz 频段，感应式磁传感器观测数据优于磁通门磁传感器数据，在 1Hz

处感应式磁传感器优于磁通门磁传感器 1 个数量级。磁通门磁传感器适合于低频段的 MT（$0.1 \sim 0.001$ Hz）测量，不适合高于 0.1 Hz 的 AMT 和 CSAMT 测量。

上述初步分析表明，对于 CSAMT 法测量数据，在音频范围内磁通门磁传感器数据噪声明显大于感应式磁传感器数据，其效果不能满足于 CSAMT 勘查。但磁通门磁传感器可用于深部电性结构的探测，探测效果将优于感应式磁传感器。

（2）高温超导磁传感器试验结果分析

采用高温超导磁传感器完成了 CSAMT 法试验，与同测点的感应式磁传感器进行了对比，其目的在于检验研发的高温超导磁传感器在实际勘查中的性能及可靠性。在此基础上，优化系统参数，确保其能够满足 CSAMT 法的野外探测需要。

图 9.43 是实测数据对比曲线。在一些测点由于受到干扰的影响，高温超导磁传感器与感应式磁传感器在低频和高频段存在较大差异，在中频段两者观测的磁场和卡尼亚视电阻率曲线重合性较好。而在干扰较小的测点，高温超导传感器与感应式磁传感器观测的磁场和卡尼亚视电阻率曲线形态一致，两条曲线重合性很好。

高温超导磁传感器用于 CSAMT 法探测尚未见报道，我们的试验表明，高温超导磁传感器表现出较好的稳定性，在液氮供应充足的情况下，可以连续长期地稳定工作。高温超导磁传感器可以有效地接收 CSAMT 磁场信号，较为准确地获得有效信号。由于高温超导磁传感器具有灵敏度高、带宽大、观测数据稳定等特点，若能克服野外施工的复杂性，其应用范围将非常广泛。

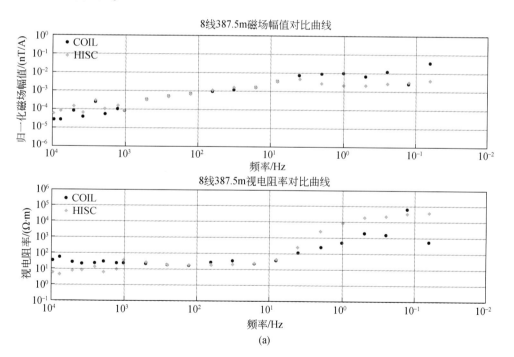

(a)

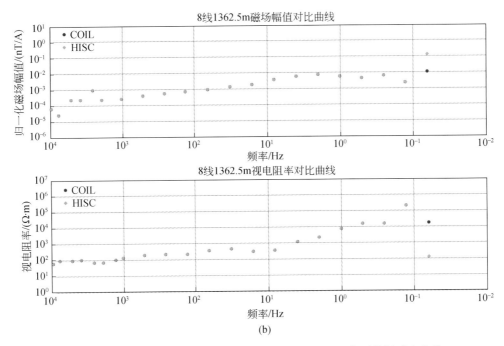

图 9.43　高温超导磁传感器与感应式磁传感器 CSAMT 实测数据对比曲线

4）CSAMT 法试验结果分析

采用 SEP 系统、GDP-32 II 系统和 V8 系统进行了 CSAMT 法野外对比试验，并且进行了三种发射机供电 SEP 接收机接收的发射机性能对比试验，目的是通过不同方法的对比，验证 SEP 发射机和接收机的性能、实用性。

（1）发射机对比试验结果分析

在接收装置和点位不变的情况下，进行了 SEP、GDP-32 II（GGT-30）和 V8（TXU-30）3 种不同发射机发射、SEP 接收机接收的发射性能对比试验。

图 9.44 为三种发射机供电情况下实测曲线对比结果。SEP 和 V8 发射机供电电场振幅和磁场振幅曲线较为一致，GDP-32 II 发射机由于供电电流较小，电场和磁场振幅曲线明显低于其他两个发射机供电时的曲线。通过 Ex/Hy 比值计算卡尼亚视电阻率后，三条卡尼亚视电阻率曲线除了两个很低频的数据有差别之外，其一致性较好。

需要说明的是，由于当时 SEP 系统发射机在高频的每个频点供电电流并非是固定的（GDP-32 II 和 V8 也是如此），从而导致 SEP 接收的电场和磁场振幅曲线的高频段出现同步的跳跃现象，可通过卡尼亚电阻率计算公式的 E_x/H_y 比值关系解决此问题。

通过不同发射机供电试验对比，还可以发现 SEP 发射机在低于 700Hz 频段供出电流产生的电磁场波形以及振幅均好于 V8 和 GDP-32 II 仪器，表明了 SEP 发射机在 0.063～700Hz 频段的性能优于 GDP-32 II 和 V8 发射机。

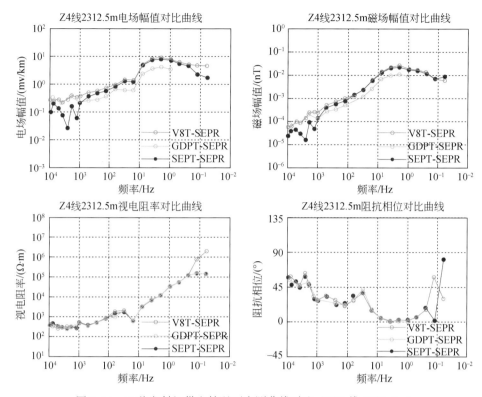

图 9.44　三种发射机供电情况下实测曲线对比（Z04 线 2312.5m）

（2）SEP 系统与 GDP-32Ⅱ、V8 系统对比试验

不同系统对比试验是利用 SEP 系统、GDP-32Ⅱ系统和 V8 系统在同发射源地点、同接收点分别进行测量，得到 V8T–V8R（蓝线）、GDPT–GDPR（绿线）、SEPT–SEPR（红线）三种系统的探测结果，同时在 V8 发射时除了用 V8 接收机接收信号外，还用 SEP 接收机接收了信号，得到了 V8T–SEPR（粉线）数据，然后对四种数据进行对比分析。由于文稿篇幅所限，这里给出 BX02 测线 2037.5m 测点上的三个系统电场、磁场、视电阻率、阻抗相位实测数据，如图 9.45 所示。SEP 和 V8 发射机供电 SEP 接收的电场振幅和磁场振幅曲线较为一致，而 GDP-32Ⅱ系统接收的电磁场振幅由于电流未归一的原因其曲线明显低于其他两个发射机供电时的曲线。但通过比值计算卡尼亚视电阻率后，除最低两个频率有差别之外，四条卡尼亚视电阻率曲线总体一致性很好。

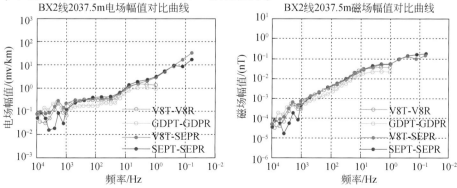

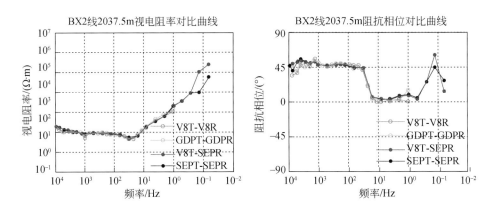

图 9.45　不同仪器 CSAMT 实测曲线对比（BX02 线 2037.5m）

（3）反演结果对比

SEP 系统、V8 系统和 GDP-32Ⅱ系统均在 Z00、Z04、BX02、BX03、H08 和 H12 测线上做了同点位、同剖面的测量，由于篇幅的限制这里对主勘探线 H08 线的反演结果进行对比分析。

图 9.46 ~ 图 9.48 分别为 GDP-32Ⅱ、V8 和 SEP 系统 CSAMT 观测数据的反演结果。三个反演结果具有较强的相似性和一致性，都明确地显示出西侧低阻区和中部高阻之间的接触带（1250m 处）与地质剖面图（图 9.49）中的断裂位置对应较好；西侧浅部低阻对应着第四系、深部的中阻为中太古界黄土窑岩组岩体；中部的高阻区对应着含矿体和从地下深部向地表穿插的早白垩世少斑花岗斑岩岩脉，以及断裂；东侧 2500 ~ 2700m 的低阻对应着平面地质图中的呼尔井组乌兰戈楚组地层。

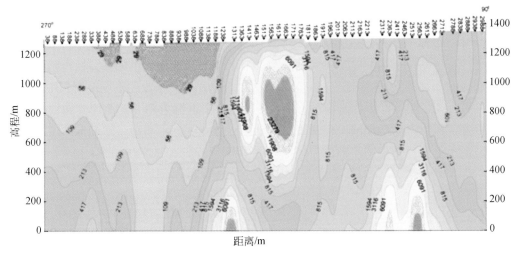

图 9.46　H08 线 CSAMT 反演电阻率断面图（GDP-32Ⅱ）

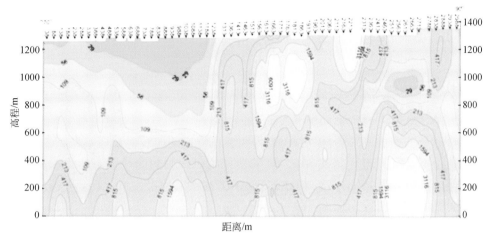

图 9.47　H08 线 CSAMT 反演电阻率断面图（V8）

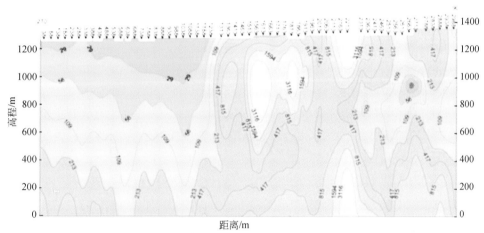

图 9.48　H08 线 CSAMT 反演电阻率断面图（SEP）

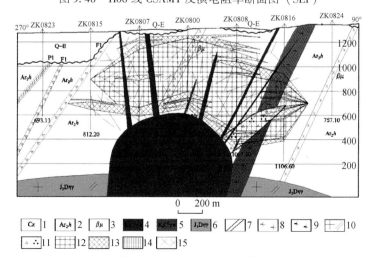

图 9.49　H08 线地质剖面图

1. 新生界；2 中太古界黄土窑岩组；3. 辉绿岩脉；4. 早白垩世少斑花岗斑岩；5. 早白垩世多斑花岗斑岩；6. 晚侏罗世大青山二长花岗岩；7. 断层；8. 少斑花岗斑岩；9. 多斑花岗斑岩；10. 粗中粒二长花岗岩；11. 隐爆角砾岩；12. 工业钼矿体；13. 低品位钼矿体；14. 铅锌矿体；15. 围岩裂隙

在三个 CSAMT 反演断面图中，SEP 数据反演的电阻率等值线与 V8 的相似性较高，与 GDP-32Ⅱ有所差别，但整体形态是一致的，在剖面中部的高阻带对应着矿体和上部花岗斑岩岩脉。

5）MT 法试验结果分析

在 H08 和 Z00 线上进行了 SEP 和 V8 接收机观测的 MT 数据对比试验，观测中使用的是 SEP 感应式磁传感器。图 9.50 和 9.51 为两套仪器实测曲线对比图。Z00 线 900m 点实测曲线形态并不是很圆滑（图 9.50），但两套接收机观测的曲线形态非常一致，甚至在 50Hz 及其附近频率观测的 xy 和 yx 模式的视电阻率吻合得都非常好。在 Z00 线 1920m 点的两套仪器观测的实测曲线（图 9.51）形态一致，除高频段的视电阻率和相位有所差异，在中低频段的曲线重合性较好。

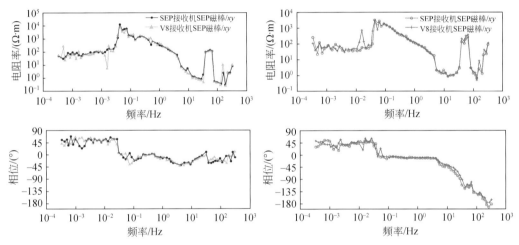

图 9.50　SEP 与 V8 实测 MT 对比曲线（Z00 线 900 号点）

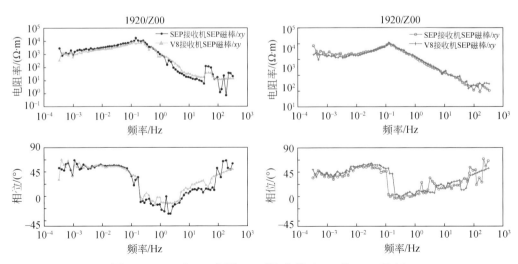

图 9.51　SEP 与 V8 实测 MT 对比曲线（Z00 线 1920 号点）

综上对比结果，表明了 SEP 接收机和磁传感器工作正常，能适应野外长时间的 MT 观测，其 MT 功能的性能与 V8 相当。

6）讨论及结论

在本次试验中对研制的磁通门磁力仪进行了野外试用，通过四套磁通门磁力仪与感应式磁传感器试验对比，表明磁通门磁力仪的优势在 0.1～0.001Hz 频段测量，磁通门噪声明显优于感应式磁传感器，磁通门磁力仪适合于 MT 的低频段（0.1～0.001Hz）测量。而本次试验中，高温超导（SQUID）传感器与感应式磁传感器的对比结果相一致，表明高温超导传感器性能稳定，具有灵敏度高、带宽大、观测数据稳定等特点。

通过 SEP 系统与 GDP32、V8、EH4 系统的对比试验，进一步表明 SEP 仪器系统可以获得稳定的、可靠的观测数据，具有较强的抗干扰能力，可以在生产中推广应用。然而 SEP 发射机的供电模式为稳压供电，在高频段供电时，由于供电线的耦合作用，导致发射电流不稳定，影响观测精度，在后续研究中可改为稳流供电模式，并增加发射机供电电流记录功能。

参 考 文 献

底青云，方广有，张一鸣.2013.地面电磁探测系统（SEP）研究.地球物理学报，56（11）：3629～3639
底青云，杨长春，朱日祥.2012.深部资源探测核心技术研发与应用.中国科学院院刊，27（3）：389～394

第 10 章　结论和讨论

10.1　结　　论

本书第 1 章阐述了地面电磁探测（SEP）系统研究的科学意义及其在国民经济建设中的重要价值，分析了国内外地面电磁探测系统研究的进展概况，给出了在中国科学院知识创新项目（WEM 基础研究）和国家重大科技专项（SinoProbe）资助下两个课题中地面电磁探测系统的研制目标，强调了通过地面电磁探测装备分系统和探测理论、方法、技术分系统集成一体化整体研究的重要性。通过集成一体化整体研究，使自行研制的地面电磁探测系统，在短短几年内迅速赶上当前国外同类先进地面电磁探测系统的总体水平；并总结了使地面电磁探测系统能有效探测到第二成矿带深度范围内矿产资源的总体思路和实现途径。

本书第 2～8 章，给出了各分系统的原理、方法和关键技术，以及自主研制的各分系统和国内外同类分系统在实验室的比对测试结果。第 9 章给出了集成的地面电磁探测一体化整体系统在野外各种地质环境下的实测结果，在实测中同时开展了自研系统及其分系统和国外同类系统及同类分系统的比对研究。比对结果表明自主研制的地面电磁探测系统的电磁信号发射分系统，磁传感器，电传感器和电磁信号采集站分系统，电磁信号处理解释分系统已和国外相应的商用设备性能相当。集成的 SEP 整体系统和加拿大 V8 系统以及美国 GDP32 系统在采集资料的预处理、资料处理解释结果的水平和质量等各方面性能相当。

1. 成功研制出大功率 CSAMT 发射设备

采用以下两种技术思路研制出不同性能的大功率发射机：

（1）基于两级双 H 桥逆变技术的大功率发射机。前级 H 桥，采用 PWM 逆变器，负责发射电流的恒流控制，后级 H 桥服务于频点的精确发射。具有发射功率大、电流强、稳定、对时精确等特点。这些性能已和国外先进的发射设备（如 V8 发射设备）相当。此外，该大功率发射机重量轻、体积小、频点多，优于国外同类设备，已用于首版 SEP 集成系统中。

（2）基于励磁方式的大功率发射机。系统结构模式为 AC/DC/AC，结构简单，易于维护与控制，在一定程度上保证了其稳定性与可靠性，且功率可扩展性强。它避开了传统发送机在大功率条件下逆变环节对铁芯的高要求与系统的复杂控制技术等问题，目前研制工作已取得显著进展。

2. 突破了磁传感器研发的关键制造技术

成功研制出高灵敏度 MT 和 CSAMT 感应式磁传感器，性能和物性指标均与国外先进产品相当（如和 V8，GDP32，GMS-06 的感应式磁传感器相当），已在首版 SEP 集成系统中使用。此外，高温超导 SQUID 磁传感器，磁通门磁传感器研制方面也已取得了显著进展。SQUID 磁传感器有望应用于航空电磁设备中，磁通门磁传感器有望应用于低频电磁探测设备中，两者在体积上的进一步减小，也有望应用于升级版本的 SEP 系统中。

3. 成功研制了新型纳米材料电场传感器

突破了不极化电极电传感器研发的关键制造技术。成功研制的电场传感器频率特性已适用于 CSAMT 和 MT 观测，并和第二代 $Pb-PbCl_2$ 不极化电极性能相当，稳定性强且更轻便、耐用和环保。

4. 成功研制了单盒 12 通道宽频带电磁数据采集站

采集站频率范围覆盖了 CSAMT 和 MT 地面电磁探测的两个频带之和，因此它既可以应用 MT 探测，也可应用于 CSAMT 和 WEM 探测。由于单个采集站可控制 12 通道（V8 系统的采集站，分主盒和两个辅助盒，主盒控制 6 通道，每个辅助盒控制 3 通道），因此，自行研制的 SEP 采集站，比 V8 系统采集站能更方便地进行 3D 张量观测和研究各向异性电性结构，也可更方便地进行密集型标量观测，提高横向电性结构探测的分辨率。相对于国内外同类产品，该采集站具有信号通道多、动态范围宽、噪声低、功耗低、体积小、重量轻等突出优点，完全可以替代国外进口的电磁接收设备，已用于首版 SEP 集成系统中。此外，在进行数据采集时，可同时布设多台（甚至几十台）自主研制的电磁数据采集站，通过手持终端可方便地对各个采集站进行数据质量监控，查询和管理。

自主研制采集站的时间同步有 GPS 和原子钟两个模式。在 GPS 失灵的山区，由于配备了芯片级原子钟模式，仍然可以进行多通道同步采集，这不仅提高了资料采集效益，而且利于资料处理解释，通过正反演研究获取较高横向分辨率的地下电性结构参数。值得一提的是，国内大量进口的 CSAMT 系统尚无用原子钟进行精准对时的功能。

5. 实现了多功能化电磁数据处理

自主研制了人机联作资料预处理软件和先进的二维、三维微分方程，积分方程正反演处理程序，既可处理视电阻率和相位资料，也可直接处理观测的电场和磁场资料。本书第 6~8 章分别阐述了数据预处理、正演数值模拟及反演成像方法，给出的结果主要是微分方程法的结果，特别是异常场的正演和反演结果。

通常认为，积分方程法只需要针对范围较小的异常域进行处理，一般使用细网格剖分；而微分方程法的计算区域同时包括发射源、异常区域和接收点，范围较大，一般使用粗网格剖分。因此，从分辨能力考虑，积分方程法优于微分方程法。然而如果对于同样大小的计算区域，微分方程法允许剖分更多的单元，这意味着，微分方程法将比积分方程法有更精细的分辨率。在自行研制的微分方程法数据处理解释分系统中，我们采用了异常场处理技术来克服微分方程法计算区域大的问题。当模拟异常场时，计算区域是不包括源的区域，因此采用异常场技术后，既减小了计算区域，又提高了计算区的分辨率，解决了总场微分方程法计算区大的问题。SEP 微分方程法数据处理解释软件已集成在 SEP 系统内，它既可以处理 CSAMT 资料，也可以处理 MT 资料。

6. 自主研制 SEP 系统的性能已达到了国外同类先进商用系统的水平

通过在实验室以及在辽宁兴城杨家杖子煤及多金属矿、甘肃金川镍矿、内蒙古兴和曹四夭钼矿等矿区与国外先进的加拿大 V8、美国 GDP32 等同类系统比对测试表明：自主研发的一体化集成 SEP 系统在传感器，接收设备的频率特性，动态范围，发射设备的功率，频点精确度，整体系统的探测性能，稳定性，耐用性、对高温酷暑、低温严寒、高山峡谷、戈壁沙漠等恶劣环境的适应性，以及资料处理质量等方面都和国外先进的商用系统相当。

10.2　讨　　论

目前，地面电磁探测技术在探测地球内部电性结构和寻找油气矿产资源以及环境监测、工程探测中发挥着重要作用。然而我国地下 1km 以内的浅层矿产资源已几近枯竭，研究表明 1km 以深的第二成矿带矿产资源储量约占总储量的 2/3，到第二成矿带找矿已成为我国找矿战略的新方向。要快速有效地详查第二成矿带的矿产资源，必须要自主研发高分辨率电磁探测装备和相应的理论、方法和技术。这一目标的实现不仅有利于第二金属矿成矿带的探测，也有利于深部油气资源的探测。

对于 SEP 系统，无论是其装备分系统、探测方法和资料处理分系统还是总体集成系统，其首要目标是总体赶上目前最先进的商用系统性能、实现成熟的理论算法、达到商用处理软件的先进水平。同时在集成研究中，考虑到第二成矿带深度范围内找矿方法的需求，开展相应的前瞻性研究。我们在第 1 章中已经提到国内已率先于国外，开展了 WEM 方法和广域电磁法的研究，其中 WEM 方法探测深度可以达到 10km，广域电磁法探测深度可达到 6km，具体可参考第 1 章的参考文献。这里将重点讨论一下如何利用已研制成功的 SEP 系统，通过革新传统的 CSAMT 远场探测方法，使其同时可用于近场探测，来提高探测深度。

利用天然场源的 MT 方法可以测到地壳上地幔深度内的电性结构，但是由于天然场源信号比较弱，需要作长时间的垂直叠加，才能测到可以反映地壳上地幔电性结构信息的高于干扰的电磁信号，因此可以想象，要探测到符合详查深部矿产资源的电性精细结构，探测所需的时间成本和人工成本都太高。市场的需求促进了人工源 MT 方法的诞生，20 世纪 70 年代诞生的 CSAMT 方法便是其中的一种。由于 MT 方法的资料处理解释方法已经比较成熟，发展起来的远场 CSAMT 方法和 MT 方法一样采用远场信息，即采用频率域平面波的处理方法。由于 CSAMT 方法采用了人工源，其激发的远场电磁波相对于 MT 方法的天然场强了很多，从而大大缩短了资料采集时的垂直叠加次数和资料采集成本，因而可用于探测区电性结构的详查，在一定程度上符合探测金属矿产资源的需求。然而由于人工源的发射强度，受到了发射设备、布设电偶极源方便程度以及山地移动电偶极源困难程度的限制，传统的远场频率域 CSAMT 的探测深度最深只能达到 1～2km，尚不能满足在第二成矿带深度范围内战略找矿的市场需求。

那么 CSAMT 方法是否能测得更深呢？为了回答这个问题，我们来分析能测到这个深度的其他几种人工源方法。

首先是使用伪随机编码源的宽频带电磁测深系统。20 世纪 70 年代末到 80 年代初这个系统在加拿大问世。该系统的人工电偶源 AB 的极距长度是 20km，发射电流 5A，使用 5 个频段的不同编码参数伪随机编码源，发射的时间序列频带总宽度为 $0.03 \sim 15$kHz。按 Duncan 等（1980）所说，采用 1Hz $\sim$ 10kHz，可探测从地表几米深到 40km 深度范围内的电性结构，采用的收发距约是电极距 AB 的 5 倍。实例研究中，在浅层盆地勘探时，收发距是 $35 \sim 70$km，$1 \sim 50$Hz 频率垂直叠加时间 22min，$0.3 \sim 15$Hz 垂直叠加时间是 1.1h。该系统使用的仍然是远场方法，和 CSAMT 远场法不同的是只用磁通门磁力仪测磁场，不测电场。我们用发射电流 I 和 AB 极间距 l 的乘积来表征发射源的强度 P，则上述宽频带电磁测深系统的发射源强度为 10^5A·m。加拿大的这个地面电磁测深系统探测深度之所以能达到 40km，一方面是因为发射源发射的一次强度 P 大，另一方面是低频时垂直叠加时间长（$0.3 \sim 15$Hz 叠加 1.1h，$1 \sim 50$Hz 叠加 22min）。

其次对广域电磁法（何继善，2010）进行分析，我们在第 1 章引言中提到广域电磁法和传统的 MT 方法、CSAMT 方法不同，广域电磁法不测磁场，只测电场，因此除了远场资料以外，小于远场距离的近场和过渡带的电场也将可用作资料，从而有可能不仅能提高探测深度，而且能提高垂向分辨率。然而在目前的野外实例研究中，虽然已摒弃了卡尼亚视电阻率，至今依然是采用远场电场资料进行处理。在重庆石宝寨的探测实例研究中，广域电磁法的发射电流为 130A，发射极间距为 $1 \sim 3$km，收发距为 $12 \sim 18$km，低频段的垂直叠加时间为 30min 左右。广域电磁法系统的发射源强度为 $1.3 \times 10^5 \sim 3.9 \times 10^5$A·m，探测深度是 6km 左右，可见广域电磁法发射源的强度已大于加拿大的宽频带电磁测深系统。此次试验中，首先增加了发射源强度，其次增加了低频段垂直叠加时间（30min 左右），再次采用了伪随机编码源来压制干扰的影响，这也相当于提高了人工发射源的强度。

无论上述加拿大的电磁发射系统还是国内采用的广域电磁法，探测深度都能达到第二成矿带的深度范围。分析可知，至今仍然主要靠加大发射源强度并采用远场方法实现大探测深度。

为加大探测深度所采取的措施有三项，一是增大发射设备的强度，二是增加低频的垂直叠加次数（约半小时），三是采用编码源压制干扰。以上所述的两个系统，所采用的措施是类似的。在增加发射设备的强度中，加拿大宽频带测深系统采用低电流长发射极间距，国内广域电磁法采用高电流短发射极间距。但无论是哪种方法，野外操作中都有不便之处。

现在回到传统的远场 CSAMT 方法，可考虑将其延伸到采用近场资料的时间域近场 CSAMT 方法来提高其探测深度。

根据底青云和王若等（2008）的工作，对于均匀半空间介质，x 向电偶源激发的远场波区电场 E_x 分量和磁场 H_y 分量与场源强度、观测距离及地下电阻率有如下关系式

$$E_x \propto P \frac{\rho_1}{r^3}, \quad H_y \propto P \frac{\sqrt{\rho_1}}{r^3} \tag{10.1}$$

对于 S 区，即过渡区和近场区，其关系式如下

$$E_x \propto P \frac{\rho_1}{r^3}, \quad H_y \propto P \frac{1}{r^2} \tag{10.2}$$

式中，P 是发射源的强度；r 是收发距；ρ_1 是半空间的电阻率。传统 CSAMT 方法采用由 E_x 和 H_y 的比值得到的卡尼亚视电阻率作为资料，即

$$\rho_1 = \frac{1}{\mu_0 \omega} \left| \frac{E_x}{H_y} \right|^2 \tag{10.3}$$

式中，μ_0 是真空中的磁导率，ω 是圆频率。

由式（10.2）可见，近区的磁场 H_y 不再携带地层电阻率 ρ_1 的信息，因而在近场区，由式（10.3）所得到的视电阻率携带的电阻率信息是被畸变的。不能由式（10.3）得到的资料来分析地层的电性参数，这也是传统的 CSAMT 法采用远场的根本原因。然而如果我们摒弃了卡尼亚视电阻率资料的概念，而直接采用电场资料 E_x，由式（10.2）表明，它仍然携带有地层的电阻率 ρ_1 的信息。因此如果摒弃卡尼亚视电阻率，直接采用电场作为资料来探测近场区的地下电性结构在原则上应该是可行的，实际上广域电磁法的远场区也已经摒弃了卡尼亚视电阻率，而直接采用由电场得到的装置视电阻率作为资料来反推地层的导电性和磁感应参数，并已经从实践上论证了在远场区直接使用电场资料反演电性结构是可行的。

如果在近场区也直接使用电场资料，这将会明显加大探测深度。由式（10.2）电场随收发距 $1/r^3$ 衰减，表明电场在介质中传播除因物质的吸收而被衰减外还存在几何扩散。几何扩散衰减是和介质的性质无关的。当 r 越小，场的衰减越小，r 越大，衰减越大。因此近区入射波的场强要明显大于远区入射波的场强。由于无论是远区还是近区，波到达深部目的层，其衰减主要是由深度决定的，而不是由收发距决定的，因此相同频率电场在近区探测深度会比远区的探测深度深，这是由近区入射电场的强度远远大于远区电场的入射强度决定的。所以我们只要将传统的采用远区卡尼亚视电阻率为资料的 CSAMT 方法革新成采用近区电场为资料的 CSAMT 方法，则有可能使近区 CSAMT 方法的探测深度达到第二成矿带的深度范围。

传统的 CSAMT 方法是频率域方法，然而其发射源实际上也是时间域的单极性方波源或正负极性方波的组合源，由于这个源的基频强度最大，转换到频率域后，就用这个强度最大的频率资料开展频率域的测深工作。如果我们把发射源固有的单极性方波或正负极性方波的组合源所包含的频率成分全部提取出来而加以利用，显然它又可以转化成时间域的测深方法。这个转换类似于正在发展中的 MTEM 方法，只不过在 MTEM 方法中上述正负方波的组合源是用编码实现的。这样的一个编码源在时间上是一个时间系列，而不是一个时间脉冲。对于非脉冲时间系列，关键技术在于如何将非脉冲源的大地响应转换成脉冲源的大地响应。在 MTEM 方法以及上述加拿大宽频带电磁测深法中，是将时间系列源的响应经反褶积来获取大地脉冲响应的。因此对于近区 CSAMT 方法，如果我们使用正负相间方波的组合源，作时间系列校正时也可采用这一技术，从而获得大地脉冲响应。采用这一方法的固有长处是可以降低干扰的影响，从而可相对提高入射源信号的强度，有利于提高探测深度。

　　传统的远场 CSAMT 方法采用远场工作模式，发射源的 AB 极间距量级为 1～3km，收发距 10km 左右。因此相对于测点处，电偶源可近似为一个点源，在资料处理时，通常不作源的几何尺寸校正。若要革新成近场 CSAMT 方法，发射源已不能再近似为点源，需要作发射源的几何尺寸校正，实际上这个校正也是很方便的。设发射源从 –L/2 处的电极 A 分布到 L/2 处的电极 B，dl 是沿发射源方向 l 的一个小元，任一微元的电源强度 $P(l) = P_0 \mathrm{d}l$，P_0 沿 l 是一个常数，在波数域中

$$P(k_l) = \int_{-\frac{L}{2}}^{\frac{L}{2}} P(l) \mathrm{e}^{-ik_l l} \mathrm{d}l = P_0 \int_{-\frac{L}{2}}^{\frac{L}{2}} \mathrm{e}^{-ik_l l} \mathrm{d}l \qquad (10.4)$$

　　由于强度 P_0 沿 l_0 方向从 –L/2 到 L/2 是不变的，所以上式的傅里叶变换结果是一个空间矩形窗的波数谱，这个结果能很容易得到。之后便可以对记录的场作源的几何尺度校正，使观测的响应经几何尺度校正后成为空间 δ 函数的大地脉冲响应。

　　综上，革新后的近场时间域 CSAMT 方法原理是：对于每一个正负方波的组合都有一个基本频谱或中心频率，完成所有中心频率时间域近场电场资料观测后，进行空间、时间尺度校正得到中心频率对应的脉冲响应，不同的中心频率对应不同深度的结果，利用电场和大地电性结构模型参数的理论关系进行大地电性结构参数的定量反演和解释，或直接利用二维、三维大地脉冲响应曲线、剖面图或平面图（相对于反射地震中的水平叠加剖面）做定性解释。这种方法已类似于 MTEM 方法。从地面电磁探测第二成矿带深度范围内电性结构的需求看，近场 CSAMT 方法的研究以及 CSAMT 方法和 MTEM 方法的结合研究应该是地面电磁探测研究的一个新方向。

参 考 文 献

底青云，王若，等. 2008. 可控源音频大地电磁数据正反演及方法应用. 北京：科学出版社

何继善. 2010. 广域电磁测深发研究. 中南大学学报，41（3）：1065～1073

Duncan P M，Hwang A，Edwards R N，et al. 1980. The development and applications of a wide band electromagnetic sounding system using a pseudo-noise source. Geophysics，45（8）：1276～1296